设计专业实践指导丛书

景观设计理念与应用

◎ 张晓燕　编著

中国水利水电出版社
www.waterpub.com.cn

图书在版编目（CIP）数据

景观设计理念与应用/张晓燕编著．—北京：中国水利水电出版社，2007

（设计专业实践指导丛书）

ISBN 978-7-5084-4655-4

Ⅰ．景…　Ⅱ．张…　Ⅲ．景观－园林设计　Ⅳ．TU986.2

中国版本图书馆CIP数据核字（2007）第099850号

书　　名	设计专业实践指导丛书 **景观设计理念与应用**
作　　者	张晓燕　编著
出版发行	中国水利水电出版社 （北京市海淀区玉渊潭南路1号D座　100038） 网址：www.waterpub.com.cn E-mail：sales@waterpub.com.cn 电话：(010) 68367658（营销中心）
经　　售	北京科水图书销售中心（零售） 电话：(010) 88383994、63202643 全国各地新华书店和相关出版物销售网点
排　　版	中国水利水电出版社装帧出版部
印　　刷	北京中科印刷有限公司
规　　格	184mm×206mm　20开本　10印张　215千字
版　　次	2007年9月第1版　2009年8月第2次印刷
印　　数	4001—7500册
定　　价	39.00 元

前　言

20世纪末以来，随着经济的繁荣，我国城市化进程加快，城市环境建设面临着严峻的挑战，这使得社会环境意识得到了很快的提高，并进而促使国内景观行业获得了前所未有的发展。在迅猛发展的城市环境建设中，景观的规划与设计变得越来越重要。而快速发展的中国景观规划和发展市场需要大量的专业设计人员来从事相关规划和设计，并对专业人员的素质提出了较高的要求，不仅要求景观规划专业人才要明确景观规划设计的根本目标，具备掌握评判规划设计方案的眼界标准，熟悉景观规划设计作为一门学科的理论原理，更要整合所学的知识，以发展创新的精神，规划设计出优秀的景观作品。

社会的发展需要景观设计，而景观设计学科的发展有赖于教育。世界景观设计学科的先驱是被称为“美国景观设计之父”的奥姆斯特德。1900年由其儿子小奥姆斯特德和舒克利夫首次在哈佛大学开设了全美第一门景观设计专业课程，并在全美首创了四年制景观设计专业学士学位。1906年奥姆斯特德开始领衔主持景观设计学专业。1908～1909学年开始，哈佛已经有了系统的景观设计学研究生教育体系。到1929年，哈佛大学形成了建筑——景观设计学——城市规划三足鼎立的格局，并行发展至今。

与国际百年学科专业的发展历程相比，我国的景观设计学科教育只有10多年的历史，在很多方面还存在较大的差距。尽管时间较短，但由于我国园林、

规划和建筑学从各自专业角度出发进行了景观设计方面的研究与实践，为景观学科的发展奠定了雄厚的基础，尤其是我国风景园林专业，总结了传统造园经验和现代城市规划，包括国外现代景观设计的一系列知识，在很大程度上担当起了景观设计教育的重任。但我国目前仍在不断探索现代城市的发展所需要的更综合性和专业性的景观设计教育，使其具有自身的基础理论，形成针对性强，且完整的专业领域，由于不断地努力，目前已经在这一方面取得了很大的成就。

本书在这样的背景之下，主要针对目前进行景观设计学习的在校学生和广大的初学者，从理论与实践结合的角度出发，将景观设计的一些相关理论与设计实践进行整合，希望通过理论和实践的相互促进，使景观设计的理论更好地指导实践，并通过实践更好地理解理论，尤其是对于接受景观设计教育的学生，在缺乏实践经验的前提下，通过前人的实践经验可以获得更直观的理解。本书分为两部分，第一部分以景观设计理论为主，但在理论的阐述中结合了大量的实例；第二部分以景观设计实践为主，但设计实践是在理论的指导下进行阐述的，主要对当前景观设计行业中较为常见的六种城市景观的类型进行了介绍。

景观设计是一个系统庞大、内容繁杂，涉及面十分广泛的综合学科，由于编写时间有限，加之本人学识水平所限，书中的谬误与不足之处在所难免，尚望得到各方面的批评指正。

编者

2007年4月

目 录

第2篇 设计分析

第1篇 设计因素

Design Factors

第1章 景观设计概述

1 景观

景观一词来自德语，原意是指风景、景物。自从景观一词被引入地理学后，就被赋予了特殊含义，即指地球表面各种地理事项的综合体。

景观可以大致分为两大类，即自然景观和文化景观(也称为人文景观)。

（1）自然景观：自然景观指完全未受直接的人类活动影响或受这种影响的程度很小的自然综合体，如山体、原始森林、河流海洋等，皆属自然景观之列（见图1.1）。

图1.1 九寨沟

（2）人文景观：人文景观是指居住在地球上的人类集团为满足社会经济需要所创造的景观，如农田、城市、荒漠中的绿洲等（见图1.2）；还包括为旅游目的而建造的主题公园、游乐园。然而，在现实的景观世界里，

图1.2 元阳梯田

图1.3 大理白塔

单纯的自然景观或人文景观是不多见的，多数都是两者并存，都是人文景观与自然景观的结合（见图1.3）。

2 景观设计

景观设计是指在某一区域内创造一个具有形态、形式因素构成的较为独立的，具有一定社会文化内涵及审美价值的景物和空间，从而为人创造安全、健康和舒适环境的科学和艺术。对该学科，中国常以"造园"、"园林"、"风景园林"、"景观建筑"、"景观"或"地景"等与之对译。而对应Landscape architecture更好的学科名称，笔者认为应称为景观学。根据解决问题的性质、内容和尺度不同，景观学包括两个范畴，一个较大的范畴是景观规划设计，它指较大尺度范围内，协调人与自然之间的关系，具体说就是为某些使用目的安排最合适的地方和最恰当的土地应用；而另一个较小的范畴即是对某一特定地方的设计。

3 景观设计与城市规划和建筑学的关系

景观学与建筑学、城市规划、环境艺术和市政工程设计等学科有密切的联系。景观设计、城市规划和建筑学在实践上有众多的交叉，缺一不可，在理论上又有众多的相似之处。三个专业的核心都是将人与环境的关系处理到人类聚居的环境之中，但三者又是相互独立、互相渗透的关系，它们的区别在于基本概念和设计内容不同。城市规划是国家对城市发展的具体战略部署，既包括空间发展规划，又包括经济产业的发展战略，是为城市建设和管理提供目标、步骤、策略的科学。在空间规划上注重用地、道路交通为主的人为场所规划；建筑设计则主要侧重于聚居空间的塑造，重在人为空间设计；而景观设计是综合性的科学，主要内容是空间规划设计和管理，对象是城市空间形态，侧重于对空间领域的开发和整治，即土地、水、大气、动植物等景观资源与环境的综合利用与再创造。

在今天的社会，越来越多的工作需要三个行业的从业者紧密合作才能完成。那种传统的分工方式即城市规划师规划完了让建筑师设计建筑，建筑师做完了让景观师来填空的工作方式，是将这个城市环境割裂开来进行设计，事实证明是不可能建设好我们的环境的。正确的方法是景观规划人员从开始就参与到城市规划阶段，对城市的布局、分区和发展，从人与自然的关系上提出规划的建议，这样才有利于创造适宜的城市环境。

景观设计的宗旨就是为给人们创造休闲、活动的空间，创造舒适、宜人的环境。而景观设计师的职责就是帮助人类，使人、建筑物、社区、城市及人类的生活同地球和谐共处。因而，景观规划师是协调者和指挥家，是可持续人居环境的规划设计和创造者。

4 景观设计与相关观念

4.1 景观设计与生态

生态学思想的引入，使景观设计的思想和方法发生了重大转变，也大大影响甚至改变了景观的形象。景观设计不再停留在花园设计的狭小天地，它开始介入更为广泛的环境设计领域。景观生态设计观念体现在以下几个方面。

■ 自然优先原则

保护自然资源，维护自然过程是利用自然和改造自然的前提。设计中要尽可能使用再生原料制成的材料，尽可能将场地上的材料循环使用，最大限度地发挥材料的潜力，减少生产、加工、运输材料而消耗的能源，减少施工中的废弃物，并且保留当地的文化特点。

■ 高效率用水原则

减少水资源消耗是生态原则的重要体现，一些景观设计项目能够通过雨水利用，解决大部分景观用水，有的甚至能够完全自给自足，实现对城市洁净水资源的零消耗。

■ 设计适应性原则

自然景观有其自身和谐、稳定的结构和功能，人为的设计必须适应自然景观的原有“设计”，使人为引入的景观元素所带来的副作用最小，以保证整体景观结构和功能的完整性；设计中应该多运用乡土的植物，尊重场地上的自然再生植被。自然有它的演变和更新的规律，从生态的角度看，自然群落比人工群落更健康，更有生命力。一些设计师认识到这一点，他们在设计中或者充分利用基址上原有的自然植被，或者建立一个框架，为自然再生过程提供条件，这也是发挥自然系统能动性的一种体现。

■ 整体设计原则

景观生态设计是对整体人类生态系统进行全面设计，而不是孤立地对某一景观元素进行设计。它是一种多目标设计，为人类需要、也为动植物需要而设计；为高产值而设计，也为美而设计；设计的目的是整体优化。多学科综合原理，各景观元素分别是自然和社会科学等多学科的研究对象，只有联合多学科共同工作，才能实现理想的景观生态设计，保证整体生态系统的和谐与稳定。例如我国澳门特别行政区凼仔岛设计，提出了建设活动并不都是破坏环境，可以提供更多机会，建立新的生态系统。澳门凼仔岛，位于澳门横琴岛，一个凹形的基地，在没有建设之前，北来的冷风直冲山坳，不利于生态环境的生成和生物的栖息，城市建筑建成后围合了一个小的环境，阻挡了北来的寒风，改变了这一地区的微气候，形成了以红树林为主的湿地环境，并逐步形成了国家珍惜鸟类—黑脸琵鹭的栖息地，是一个美学+自然科学+生态学的优秀案例。

4.2 景观设计与“以人为本”

景观设计的最终目的是满足人在城市环境中的存在与发展需求。它使城市环境充分容纳人们的各种活动，而更重要的是使处于该环境中的人感受到美好而愉快的生活。人是城市空间的主体，任何空间环境设计都应以人的需求为出发点，体现出对人的关怀，应根据婴幼儿、青少年、成年人、老年人、残疾人的行为心理特点创造出满足其各自需要的空间，如运动场地、交往空间、无障碍通道等。时代在进步，人们的生活方式与行为方式也在随着发生变化，城市景观设计应适应变化的需求。

景观设计对人的关怀体现在两个层次上，即物理层次和精神层次。

■ 物理层次的关怀

物理层次的需要是人的基本需要。人性化设计的景观不仅是给生活带来方便，设计时要考虑不同文化层次和不同年龄人活动的特点，要求有明确的功能分区，要形成动静有序、开敞和封闭相结合的空间结构，以满足不同人群的需要。人性化设计更大程度地体现在设计细节上，如各种配套服务设施是否完善、尺度问题、材质的选择等。

■ 精神层次的关怀

精神层次的表现往往不太直观，人们对景观的心理感知是一种理性思维的过程。通过这一过程才能由视觉观察得出对景观的评价，因而心理感知是人性化景观感知过程中的重要一环。按思维形式可将其分为推理和联想两部分：推理就是由已知前提推出未知判断，人们可根据以往的经验由整体推理至局部，反之也可由局部推知大致的整体，有利于从整体到细部系统地感知景观；联想是由前事物触发想起其他相关的事物的心理过程。

4.3 景观设计与文化

景观设计是物质和精神的统一体，当今时代的要求已远远超出了它的物质功能，它要求一种贯穿历史、体现时代文化、具有较高审美价值的精神产品，包括文化价值和道德的体现，科技与艺术的结合，促进整体环境的文化发展。人文思想的体现已成为时代文化的核心，这无论对景观的核心还是当代社会的经济、文化来讲都是如此。而正是对人类精神的创造和人类价值理想的维护，才有可能使作品成为经典，流芳百世。

■ 东方文化在园林中的体现

东方园林以自省、含蓄、蕴藉、内秀、恬静、淡泊、循矩、守拙为美，重在情感上的感受和精神上的领悟。哲学上追求的是一种混沌无象、清静无为、天人合一和阴阳调和，与自然之间保持着和谐的，相互依存的融洽关系。

■ 西方文化在园林中的体现

西方园林则表现为开朗、活泼、规则、整齐、豪华、热烈、激情，有时甚至是不顾奢侈地讲究排场。从古希腊哲学家就推崇“秩序是美的”，他们认为野生大自然是未经驯化的，充分体现人工造型的植物形式才是美的，所以将植物形态都修剪成规整几何形式，园林中的道路都是整齐笔直的。西方古典园林的创作主导思想是以人为自然界的中心，大自然必须按照人的头脑中的秩序、规则、条理、模式来进行改造，以中轴对称规则形式体现出超越自然的人类征服力量，人造的几何规则景观超越于一切自然。造园中的建筑、草坪、树木无不讲究完整性和逻辑性，以几何形的组合达到数的和谐和完美，就如古希腊数学家毕达哥拉斯所说：“整个天体与宇宙就是一种和谐，一种数。”西方园林追求的是一览无余，追求图案的美，人工的美，改造的美和征服的美，是一种开放式的园林，一种供多数人享乐的“众乐园”。

第2章　景观造型的构成元素

景观的审美感受是通过视觉形象来实现的，视觉形象又是由造型的元素：点、线、面、色组成。造景离不开造型，因此学习和掌握造型的基本方法，是学习景观艺术设计，塑造理想景观形象的基础。

1 点

1.1 点的特征

点是形态中最初的元素，也是形态世界最小的表现极限，几何学中点仅表示位置，不具备面积大小和方向。而在形态构成中，点作为造型要素之一则可大可小，它的面积没有绝对的数值限制。点包括平面的点、立体的点、三角的点和球形的点等，点有长短，宽窄及运动方向，是由各元素相互对应，相互比较而确定的。随着点与块的缩小与扩大，它们之间互相的转换，对形态上造型语言的不同会在心理上产生不同的感受：如角状点有强烈的冲击力；曲形点则有柔和的飘浮感。

1.2 点造景手法

景观艺术中的植物、亭塔、雕塑、小品、水景、石矶等有一定位置的均可以视为点。在景观设计中可以运用点的特性来对景物进行设计和创造，达到景观设计的目的，主要方法包括以下几种。

■ 运用点的积聚性及焦点特性，创造园林的空间美感和主题意境

点，具有高度积聚的特性，且很容易形成视觉的焦点和中心。点即是景的焦点，又是景的聚点，小小的一点成了园林中的主题主景。我们在构思设计时，要极其重视点的这一特性，要画龙“点睛”。这种手法的表现可以运用以下几种方式。

(1) 在轴线的节点上或者轴线的终点等位置，往往设置主要的景观要素形成景观的重点，突出景观的中心和主题。例如，烈士陵园在轴线上布置主题雕塑（见图2.1），在西方古典园林轴线上布置大的雕塑和喷泉等。

图2.1 烈士陵园主题雕塑形成焦点

（2）利用地形的变化，在地形的最突出部分设置景观要素，例如，在山顶上布置亭子（见图2.2），塔等建筑形成景观焦点。

（3）在构图的几何中心，如广场中心，植坛中心等布置景观要素，使之成为视觉焦点（见图2.3）。

图2.2 亭形成焦点

图2.3 中心的焦点

■ 运用点的排列组合，形成节奏和秩序美

点的运动、点的分散与密集，可以构成线和面，同一空间、不同位置的两个点，点与点之间会产生心理上的不同感觉：疏密相间，高低起伏，排列有序，作为视觉去欣赏，也具有明显的节奏韵律感。在园林中将点进行不同的排列组合，同样会构成有规律有节奏的造型，表示出特定的意义和意境。例如，排列整齐间隔相等的行道树，迎合了人们所期望的秩序井然的心态，这是一种秩序美；高低起伏，迂回曲折，疏密相间，形状颜色各异的卵石小径，石块犹如乐谱里的音符，欢快翩翩，穿插在各度空

间之中，好似一首优美的乐曲，将游人引入诗一般的境界；水面的汀步又仿似在弹奏一首清脆悦耳的钢琴曲。这里的行道树、卵石块、汀步等，就是特定的“点”，它们的排列组合产生了节奏和韵律，给人们带来了愉悦的心情和美的享受（见图2.4～图2.6）。

图2.4 加州科莫斯城堡

图2.5 路挡

图2.6 汀步

■ 散点构成在园林中的视觉美感

散点构成，如同风格多样的散文、旋律优美的轻音乐，在景观环境中布置一些散点，可以增加环境的自由、轻松、活泼的特性，有时由于散点所具有的聚集和离散感，往往可以给景观带来如诗的意境。散点往往采用石头、雕塑、喷泉和植物的形式出现在景观环境当中（见图2.7）。

图2.7 石头、雕塑、喷泉和植物形成散点

点具有活泼、动感的特征，视觉效果较强，可以营造出活跃的空间氛围，但正是由于这个特点，在景观设计中要谨慎使用，否则可能造成凌乱和繁杂的感觉，从而给人们视觉和心理上造成不愉快的影响。

2 线

2.1 线的特征

线存在于点的移动轨迹，面的边界以及面与面的交界或面的断、切、截取处，具有丰富的形状和形态，并能形成强烈的运动感。线从形态上可分为直线（水平线，垂直线，斜线和折线等）和曲线（弧线，螺旋线，抛物线，双曲线及自由线）两大类。在景观设计中有相对长度和方向的园路、长廊、围墙、栏杆，溪流、驳岸、曲桥等均为线。

2.2 线造景手法

■ 直线在园林艺术中的应用

直线在造型中常以三种形式出现，即水平线、垂直线和斜线。直线本身具有某种平衡性，虽然是中性的，但很容易适应环境。由于直线是人抽象出的产物，所以具有表现的纯粹性。在景观中，有时具有很重要的视觉冲击力，但直线过分明显则会产生疲劳感。因此，在景观设计中，常用直线的对景对它进行调和补充。

图2.8 直线铺地的魅力

图2.9 直线形水池

水平线平静、稳定、统一、庄重，具有明显的方向性。水平线在景观中应用非常广泛，直线形道路，直线形铺装、直线形绿篱，水池，台阶等都体现了水平线的美

图2.10 华盛顿纪念碑

（见图2.8和图2.9）。

垂直线给人以庄重、严肃、坚固、挺拔向上的感觉，园林艺术中，常用垂直线的有序排列造成节奏、律动美，或加强垂直线以取得形体的挺拔有力、高大庄重的艺术效果。如用垂直线造型的疏密相间的园林栏杆及围栏、护栏等，它们的有序排列图案形成有节奏的律动美。园林中的纪念性碑塔，则是典型的垂直造型，刚直、挺拔、庄重的艺术特点在这里体现得最充分（见图2.10）。

倾斜线动感较强，具有奔放、上升等特性，但运用不当会有不安定和散漫之感。园林中的雕塑造型常常用到斜线，斜线具有生命力，能表现出生气勃勃的动势，另外也常用于打破呆板沉闷而形成变化，达到静中有动，动静结合的意境。但由于斜线的个性特别突出，一旦使用，往往处于视觉中心，同时对于水平和垂直线条组成的空间有强烈的冲击作用，因此要考虑好与斜线相配合的景观要素设计，使之与整个环境相协调（见图2.11、图2.12）。

图2.11 雕塑形成斜线

图2.12 凯宾斯基酒店花园

由于现代审美趋向于简洁、明快、动感和个性，因此设计中简洁的直线几乎无处不在，表现形式越来越理性和抽象化，各种直线成为艺术中常用的表达要素，这种思想也影响了现代园林景观设计，现代景观设计运用直线创作出许多引人注目的园林景观，直线有时是设计师对自然独特的理解表达。美国景观设计大师彼得·沃克在他的极简主义景观作品中就大量使用了直线，例如，他在福特沃斯市伯纳特公园的设计中，以水平线和垂直线为设计线形，用直交和斜交的直线道路网，长方形的水池和有序排列的直线形水魔杖构架了整个公园（见图2.13）。美国景观设计师劳伦斯·哈普林的作品中多种直线的运用形成了一大特色，他把自然中的景观用抽象的形式表达在设计中，在波特兰市爱乐广场的设计中，不规则的折线台地是自然等高线的简化，广场上休息廊的不规则的屋顶则来自落基山山脊线的印象（见图2.14）。哈普林独特的水景设计手法经常被其他设计师所借鉴，例如，建筑师菲利普·约翰逊在得克萨斯州沃斯堡市设计的水园中也是采用大的折线形成的水景景观（见图2.15）。

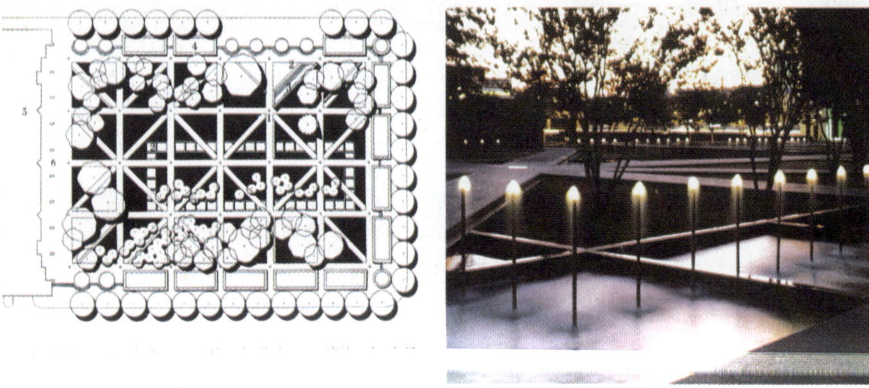

图2.13 伯纳特公园

图2.14 爱乐广场

图2.15 沃斯堡市水园

■ 曲线在园林艺术中的应用

曲线的基本属性是柔和、变化性、虚幻性、流动感和丰富性。曲线分两类：一是几何曲线，一是自由曲线。几何曲线的种类很多，如椭圆曲线、抛物曲线、双曲线，几何曲线能表达饱满，有弹性、严谨，理智，明确的现代感觉，同时也有机械的冷漠感。自由曲线是一种自然的、优美的、跳跃的线形，能表达丰满、圆润、柔和、富有人情味的感觉，同时也有强烈的活动感和流动感。曲线在园林设计中运用最广泛，园林中的桥、廊、墙，以及驳岸、建筑、花坛等处处都有曲线的存在。

为了模仿和体现自然，中国古典园林中几乎所有的线都顺应成自然的曲线——山峰起伏、河岸湖岸弯曲、道路蜿蜒，植物配置也避免形成规则的直线，总要高低错落、左右参差，形成自然起伏的林冠竖向线（林冠线）和自然弯曲的林冠投影线（林缘线），即使是亭台楼阁等人工的建筑，也把其屋顶起翘形成自由的曲线，另外园林道路的线形也是自然弯曲的园路，曲线在有限的园林中能最大限度地扩展空间与时间，在园路和长廊中处处展现她的美姿（见图2.16）。

图2.16 拙政园沧浪水院

现代园林设计中，曲线更是以多种形式出现，形成了各具特色的景观，开创了美国“加利福尼亚”学派的美国园林景观设计师托马斯·丘奇对曲线运用更是别具一格，唐纳花园中扇形游泳池的优美曲线堪称典范，为后世许多设计师所效仿（见图2.17）；女艺术家塔哈所设计的新泽西州Trenton市环境保护局庭院绿亩园就是利用各种叠加在一起的曲线形成的层层叠叠的硬制景观，仿佛大海退潮后在沙滩上留下的

图2.17 唐纳花园游泳池

图2.18 新泽西州Trenton市环境保护局庭院绿亩

图2.19 纽约亚克博·亚维茨广场鸟瞰

层层波纹（见图2.18）；纽约亚克博·亚维茨广场上的主要景观就是利用流畅的弧线的座椅形成的独特的广场景观（见图2.19）。

人们在紧张工作之余都喜欢轻松和自由地缓和一下生活节奏，希望从紧张的节奏中解放出来，而曲线能带给人们自由、轻松的感觉，并能使人们联想到自然的美景，因此，曲线成为景观设计中人们所偏爱的造型形式。但曲线的弯度要适度，有张力、弹力，才能显现出曲线的美感，因此，在运用曲线的时候要注意曲线曲度与弯度的设计。

3 面

3.1 面的特征

面是线的封闭状态，不同形状的线可以构成不同形状的面。在几何学中，面是线移动的轨迹，点的扩大、线的宽度增加等也会产生面。通过面的移动，面的三次元组合可以形成立体。对视觉而言，作为面的效果更强烈，在面的构成中，应考虑面的配置、分割及其所处的空间。在园林艺术中，综观大小名园，无不是由广场、草坪、水面、树林、建筑群等形式的面构成的，完成其功能的却是花、草、石、树、建筑、水面等点、线、面组合的具体造型。作为构思，无论哪个处于优先地位，都必须统一成一个整体。

3.2 面造景手法

■ 几何形平面在园林中的应用

几何曲线形平面体现了数学性、严谨性和理性，是人工的产物，因此在园林中主要应用于体现同样精神的规则式园林。例如，规

图2.20 印度新德里莫沃儿花园

图2.21 水景

图2.22 几何形植物

则式园林中的空旷地和广场外形轮廓、封闭型的草坪、广场空间均为几何形，常用对称建筑群或规则式林带，树墙包围等（见图2.20）。

几何形水景设计，即整形水池，在西方园林中较普遍，水体的外形轮廓为几何形，多采用整齐的驳岸，常见的有方形、圆形、长方形、椭圆形和多边形等，整形水池的特色是池边较矮而水位高，因而使游人产生亲近感。大型整形水池的设置是为了取得雕塑等建筑的倒影，池中不栽植物，经常保持一平如镜的水面（见图2.21）。

在西方古典园林中，植物配置也采用几何形平面（见图2.22），如园内花卉布置以图案式和花丛式花坛为主，并运用大量的绿篱和绿墙形成几何形的空间等。几何形曲线园林的布局显得整齐、庄严，富有气魄而亲切，且易于与建筑、道路等整齐规则的直线形平面环境协调一致，刚柔相济，产生秩序安定、温馨的美感。

几何形平面中的特例是对称规则形。对称规则形平面，大都应用于纪念性质的园林广场。如北京天安门广场，南京中山陵广场等，由于直线形的组合造成一种肃穆、秩序、宽广的庄严气氛，使人们油然地升起一股敬慕感和肃穆感，实现了广场的政治功能与集散功能。另外，公园的出入口等园林集散地大多也是几何形平面的广场，这里的广场功能是供游人休憩、集散、通行之用。几何形平面广场最忌空旷、单调而冷酷无情，这是几何形平面园林中最易出现的毛病，故在园林设计时，应特别注意这一点。我们可用方圆造型的花坛、喷泉、雕塑等来美化装点广场，打破单调、空旷，使游人在规矩方圆之中产生安全、依赖的秩序感和亲切感。

■ 自由曲线形平面在园林中的应用

自由曲线形平面是曲线和面结合的产物，突出了自然、随和、自由生动的特性，一般应用于自然式园林中。例如，以顺应自然、仿效自然、利用自然为主导思想的中国古典园林，就是从自然中提取山水植物的规律，形成布局顺理成章的特点。而自然的面都是自由的曲线形平面，因此，在中国古典园林中无论是园林中的空旷地或广场的轮廓，还是水体的轮廓都为自然形的，形成园林中开朗明净的空间；草地植物的种植形成立面效果和地形平面也是自由曲线形的（见图2.23）。

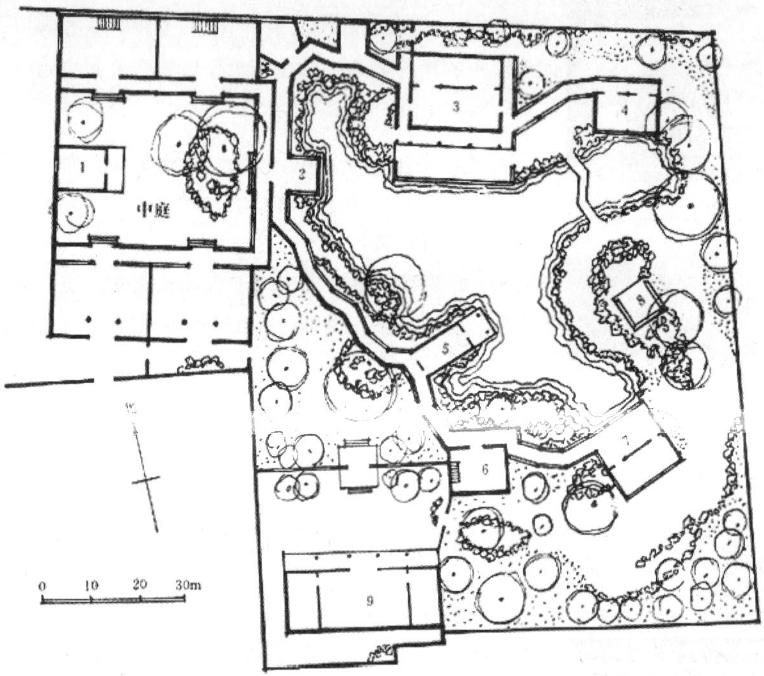

图2.23 退思园

1—旱船；2—水香榭；3—退思草堂；4—琴房；5—闹红一舸；6—辛台；7—苑雨生凉；8—眠云亭；9—桂花厅

在现代园林中，人们追求的自然生态性和休闲性公园越来越多。因此，在很多园林中的草地、水面、树林等形成的面也采用自由的曲线形平面，但现代的使用更为灵活，在很多地方可以和几何形平面结合使用，甚至有的自由曲线形平面在某个边结合几何形来设计，将人工和自然完整地结合起来（见图2.24）。

图2.24 现代休闲公园

综观上述诸“面”，在平面布局中与点和线共同构成合理的具有现代艺术概念。

以上从造型要素点、线、面上对园林艺术做了简短的分析。景观设计要想有所突破、创新，就应该结合现代设计理论，去经营各景观组成要素形成的点、线、面在平面上的位置，立体中的构成，空间中的组合，取得最佳的“构成”，作为设计方案来进行造园。

4 色彩

色彩是园林中能引起形式美感的因素，又具有强烈的感染力，能够激发丰富的情感，景观要素丰富的色彩对于景观特色的形成是至关重要的，成功的景观色彩可以充分实现情感景观、心理景观和景观特色。景观色彩设计中应遵循以下一些基本原则。

4.1 色彩与景观功能相适应

不同的景观为了满足不同的需要而设计，而不同的功能对景观空间环境的需求不同，因而对色彩的设计要求也不同。例如纪念性建筑，烈士陵园等景观场所，营造的气氛是庄重的、肃穆的、严肃的，而这时较为稳重的冷色系中的类似色的色彩设计可以营造出相应的气氛（见图2.25）；而娱乐性空间，例如主题公园，游乐园等则需要营造出活跃的、热烈的、欢快的气氛，这时就应该充分利用明度和彩度比较高的对比色来形成丰富的视觉感受（见图2.26）；在安静的休息区，需要的是宜人的、舒适的、平和的气氛，这时应该采用以近似色为主同时较为调和的色彩进行设计，可以以自然环境色彩为主，同时要有一些重点色形成视觉的焦点，从而满足人较长时间休息的心理需要（见图2.27）。

图2.25 烈士陵园色彩

图2.26 游乐园色彩

图2.27 休憩空间

4.2 色彩突出园林景观的个性

创造富有特色的景观空间，是设计者永远的追求。园林要素丰富的色彩，为景观个性的形成提供了不尽的素材。例如扬州个园假山的形状与色彩以及植物的色彩配合营造出了“春山淡冶而如笑，夏山苍翠而如滴，秋山明净而如妆，冬山惨淡而如睡”的景观特色，使个园的特色极为突出（见图2.28）。另外，江南的文人园林建筑采用粉墙黛瓦的色彩配合其追求含蓄典雅的特点，皇家园林通过富丽堂皇的色彩表现其特点等。华裔建筑师林樱所设计的越战纪念碑，在大片草地中切入一道黑色的大理石矮墙，犹如大地上的一道伤痕，使参观者在沿着斜坡而下时，望着两面黑得发光的岩体，犹如在阅读一本叙述越南战争历史的书（见图2.29）。在这里，代表哀悼的黑色、光滑的岩体表面及在岩体上反映出来的自己的影子，使生者与死者、生者与自己的影像实现了无语的交流。

图2.29 越战纪念碑

图2.28 个园假山

4.3 色彩与服务人群主体相和谐

不同的人对色彩的喜爱有不同的偏好，例如为儿童设计的色彩，应该采取彩度较大的暖色系，符合儿童喜爱鲜艳温暖色彩的心理；为老年人设计的景观，应采用稳重大方调和的色彩，以符合老年人的心理需要；在炎热地区应该采取让人感到凉爽和宁静的色彩，而北方寒冷地区，则应采用温暖鲜艳的色彩。

4.4 色彩应从场所文化中提炼与表达

根据法国色彩学家朗科洛关于色彩地理学的分析，地域和色彩是具有一定联系的，不同的地理环境有着不同的色彩表现。设计师只有深入了解当地的民俗文化、体验当地的生活，才能领会场所的精神，提炼出场所的“色彩”，并将这种色彩应用到景观设计中来。

从大的范围来讲，这种色彩可以是一种民族的色彩、区域的色彩。例如，中国人认为红色是喜庆的色彩，因此，皇家园林中的墙体和柱子一般都采用红色，另外在节假日和喜庆的日子里，少量点缀一些红色就可以把气氛烘托出来，如挂上红灯笼，系上红绸子，摆上红色的花坛等（见图2.30）；还有例如墨西哥人热爱阳光，感情热烈奔放，因此墨西哥著名的景观建筑师巴拉甘对各种浓烈色彩的运用是其设计中鲜明的个人特色（见图2.31），这些后来也成为墨西哥建筑的重要设计元素，他所设计的墙体的色彩取自于墨西哥的传统色彩尤其是民居中的绚烂的色彩，传统的墨西哥文化通过巴拉甘对色彩的应用得以充分表达。

图2.30 中国的红色象征喜庆

图2.31 圣克里斯多巴尔住宅庭院中浓烈的色彩

4.5 景观中应充分利用山、石、水体和动植物等天然色彩美化环境

景观设计应充分利用现有场所中自然景观的色彩，同时这些自然景观在不同程度上也可受人工的调整，使之与景观所营造的气氛相协调。例如，水是无色的，但因水的面积和深浅不同及水的洁净程度的不同呈现出不同的色彩（见图2.32、图2.33），人工的水面也可以根据水面的大小和深浅，配上池底的色彩和不同色彩的灯光照明等各种因素营造不同的水面色彩（见图2.34）。而植物的色彩又是景观中最为丰富和最有表现力的色彩要素（见图2.35），不仅可以利用植物色彩营造出不同景观的基调色彩，还可作为主调和重点色等来应用。同时由于植物季相变化，可以根据不同的季节，营造不同的色彩感受，形成丰富的，变化的景观效果。

图2.32 九寨沟湖面的色彩

图2.33 水潭的色彩

图2.34 照明和水面结合的色彩

图2.35 花田

4.6 人为的色彩可在园林中起到画龙点睛和装饰的作用

园林中的一些人工的造景要素，例如建筑物、构筑物、雕塑、座椅、灯具及垃圾箱等小品和设施等大多是人工色彩，这类色彩在景观中所占比例不大，但却至关重要。园林中主题建筑的位置，造型和色彩对景观风景起到画龙点睛的作用，而其中色彩占据重要地位；而小品和设施的色彩可以起到装饰和锦上添花的作用，同时它的色彩比较稳定，持续时间长，因此要谨慎设计（见图2.36）。

图2.36 人工小品色彩

5 质感

5.1 质感的意义和趣味

质感指视觉或触觉对不同物态（如固态、液态、气态）特质的感觉，是由于感触到素材的结构而产生的材质感。例如，我们从粗糙不光滑的质感中能感受到的是野蛮的、男性的、缺乏雅致的情调；从细致光滑的质感中则感受到的是女性的、优雅的情调。从金属上感受到的是坚硬、寒冷、光滑的感觉；从布帛上感受到的是柔软、轻盈、温和的感觉；从石头上感受到的是沉重、坚硬、强壮等感觉。

质感可以分为人工的和自然的，触觉的和视觉的。不同物态表面的自然特质，称为天然质感，如空气、水分、草木、岩石和土壤等。物体经过人为改造而呈现的表面感觉，称为人工质感，如金属、陶瓷、玻璃、塑胶、呢麻、绸布等。不同质感给人以软硬、粗细、光涩、枯润、韧脆、透明和浑浊等多种感觉形式。质感还根据素材与人们的距离不同而不同。例如，用花岗岩碎石预制的混凝土板嵌砌的外墙，从近处看有粗涩的触觉质感。但远处看时，由于硅酸盐水泥板的接缝，产生视觉质感。

5.2 景观设计中质感的表现遵循原则

■ 充分发挥素材固有的美

材质本身固有的感受给人一种真实感、细腻感，可以营造出丰富的视觉感受，因此质感是景观设计当中一个重要的创作手段，在设计中应该强化其特征，用简单的材料，创造出不平凡的景观，体现出设计的特色（见图2.37）。

图2.37 草的质感

■ 根据景观表现的主题采用不同的手法调和质感

质感调和可以是同一调和、相似调和、对比调和。例如图2.38中所采用的地面铺装，选择了丰富的材料，有地砖、卵石和磨石等，但材料的质感具有粗糙、朴实的共性，因此既可形成丰富的特性，同时又具有协调的感觉；质感的对比是提高质感效果的最佳方法之一。质感的对比能使各种素材的优点相得益彰。例如，德国萨尔州立大学庭院（见图2.39），采用碎石英岩、暗色玄武岩和黄杨树丛质感对比，形成了丰富的视觉效果，并赋予庭院独特的景色和趣味。另外在设计中可在庭园中点缀的石头和踏步石，有的布置在苔藓中，有的布置在草坪中，还有的布置在水中，都是根据庭园的环境、规模、表现意图等设计的。但在一般情况下，草坪和石头的配合不如苔藓同石头配合更为优美，这是由于石的坚硬强壮的质感与苔藓的柔软光滑的质感的对比，从不同素材中看到了美。

图2.38 地砖卵石磨石铺地效果

图2.39 萨尔州立大学庭院铺地质感对比

■ 质感的表现要突出且不留痕迹

根据质感表现所产生的质感美是众所周知的。若能尽量做到看去像无意识使用的，则其美的程度更要突出。砌石和铺石的接缝似乎应有意地做得明显一些。否则，如接缝过于细弱，则设计意图含糊不清便成了没有着落的东西。园林中的质感要粗糙刚健，砌缝要强而有力，利用石料和木材这类自然素材的特别应如此。在设计中外部空间中的尺度、模数，要比室内空间扩大10倍左右才合适，因此质感也会因粗糙刚健而有良好的配合。在景观设计中，常可利用未经加工的天然石材，这种简单的材料给人以朴实自然之感，给人以无尽的想象（见图2.40）。

图2.40 砌石质感

可以借助材料的硬度、重量、表面肌理、色彩触感和距离等，通过塑造手段来表现不同环境中人的情感，材质永远是景观设计师追求和利用的设计因素，而材料的更新又为景观设计提供了更广阔的空间。

第3章 景观设计构图的基本法则——形式美法则

景观设计是多样性、综合性的艺术，在满足人们使用功能的要求外，更要满足人们精神感受上的要求，因此要赋予它以美的属性。

人们在长期的社会实践中，按照美的规律塑造景物外形，逐渐发现并总结出一些美的规律性，并将这些规律主要应用于造型艺术当中，将之称为形式美的基本规律或形式美法则。景观设计主要是以造型艺术为主，因此在设计的过程中可以遵循形式美的基本法则。

1 多样与统一

形式美的最基本法则，即多样与统一。古今中外的优秀造型艺术，例如建筑、雕塑、园林设计等都遵循这个基本法则。

多样与统一是指在统一中求变化，在变化中求统一。任何造型艺术，都具有若干不同的组成部分，这些部分之间，既有区别，又有内在的联系，只有把这些部分按照一定的规律、有机地组合成为一个整体，才能各部分的区别看出多样性和变化，就各部分的联系看出和谐与秩序。既有变化又有秩序，这是一切造型艺术应当具备的要素。但是如果变化过多则会引起杂乱，而过分注重统一就会导致呆板和无生气，因此要在设计中处理好两者之间的辩证关系，才能达到视觉的美感。

在景观设计中，首先要把握整体的格调是取得统一的关键。任何一个景观，都有一个特定的主题，我们应该在分析其所在的场地，周围的环境，景观的功能目的，以及景观的主题等各种因素之后，确定一个整体的构思，表现出其整体的格调。在设计的过程中，将这一整体的构思和格调贯穿于景观设计的全部要素之中，从而形成统一的特色。统一手法一般是在环境艺术要素中寻找共性的要素，例如形状的类似，色彩的类似，质感的类似，以及材料的类似等，在统一协调的基础上，可以根据景观表现的重点和主题，进一步发展设计，寻求变化，形成序列感，同时丰富设计。因此，多样统一的设计法则是突出体现整体风格，使人们对景观的整体印象亲切而深刻。如图3.1所示，当屋顶花园的主题与格调以表现休闲为主时，设计者选用了圆和弧线为创作手法，因此虽然景观造型形式很多样，但都是统一于各种圆和弧线当中，使得设计显得丰富而协调。图3.2中景观的造型更为丰富，既有人工景观又有自然景观，但所有景观统一在绿色的环境中，显现出自然的特色。

图3.1 形的多样统一

图3.2 色彩统一的多样造型

2 主从与重点

自然界的一切事物都呈现出主与从的关系，例如植物的干和枝、花与叶、动物的躯干与四肢……它们正是凭借着这种差异的对比，才形成一个协调统一的形体。各种艺术创作中主题与副题、主角与配角、重点与一般等，也表现一般的主从关系。由此可以看出，在一个有机的整体中，各要素之间应该具有主从关系，否则如果对各要素都平均对待，或是都想表现自己，就会失去整体感和统一性，流于松散和单调。

在景观设计中，一个重要的艺术处理手法就是在构图中处理主景与配景的关系，要通过配景突出主景，从而使景观具有独特的特性亦或是灵魂。这些具体的方法包括以下几种。

（1）主景升高或降低法。通过地形的高低处理，能够吸引人的注意。抬高地形形成主景的手法，在中国园林中广泛使用，最为著名的是颐和园中的佛香阁（见图3.3），佛香阁体积庞大，位于湖面的中轴线上，但这些还不足以成为控制全园的主景观，而把它放置在万寿山的山腰上，使之成为景观的制高点，突出其构图中心的地位，即利用主景升高法的原则来表现主从关系；降低法最常用的即是利用下沉广场的做法（见图3.4），当地形发生改变后，人的视线也发生改变，俯瞰和仰观一样可以产生主景的中心。

图3.3 颐和园佛香阁（主景升高）

图3.4 下沉广场（主景降低）

图3.5 轴线对称突出主体建筑

（2）轴线对称法。轴线可强调出景观的中心和重点（见图3.5）。

（3）动势向心法。这种方法是把主景置于周围景观的动势集中中心（见图3.6）。

（4）构图中心法。这种方法是把主景置于园林空间的几何中心或相对重心部位，使全局规划稳定适中，如底特律的哈特广场中的喷泉（见图3.7），虽然周围景物不是对称布置，但由于所设置的位置为整个广场的几何中心，因此还是成为整个广场的中心。

3 对比与微差

景观设计作为一种艺术形式，其各个组成要素之间具有大量对比和微差的关系。对比是指各要素之间有比较显著的差异性，微差指不显著的差异。对于一个完整的设计而言，两者都是不可或缺的。对比可引起变化，突出某一景物或景物的某一特征，从而吸引人们的注意（见图3.8），并继而引起观者强烈的感情，使得设计变得丰富；但采用过多的对比，会引起设计的混乱，也会使得人们过于兴奋、激动、惊奇，造成疲惫的感觉。微差强调的是各个元素之间的协调关系，但过于追求协调而忽视对比，可能造成设计呆板、乏味。因此在设计当中如何把握对比与微差的关系，是设计能否取得成功的关键因素之一。

图3.6 景观动势的中心

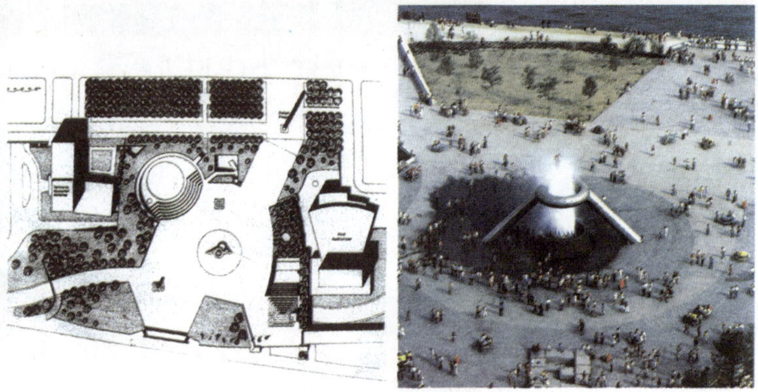

图3.7 构图中心法

图3.8 对比

对比与微差是一对相对的概念，何种程度为对比，何种为微差，两者之间没有一条明确的界限。如果把微差比喻为渐进的变化方式，那么对比就是一种突变，而且突变的程度愈大，对比就愈强烈。图3.9是利用对比和微差的形式进行的铺地设计，使铺地很有趣味性。

图3.9 铺地的对比与微差

对比与微差可以表现在景观设计的所有领域内，大到某一景区、某一景点，小到某一景物的局部都离不开对比与微差手法的运用。例如形状的对比与微差（见图3.10），大小的对比与微差，色彩的对比与微差，质感的对比与微差等（见图3.11）。在设计中只有在对比中求协调，协调中有对比，才能使景观丰富多彩、生动活泼，而又风格协调、突出主题。

图3.10 形状的对比与微差

图3.11 质感的对比与微差

同时对比与微差使用的比例也要看所设计的景观的具体要求，例如在休息空间，就应该多采用调和的设计手法，营造安静、平和、稳定的空间感受，而在娱乐空间就应该多采用对比的手法，来引起人们的感观刺激；另外，为老人设计的空间应该多采用调和的设计因素，而为儿童设计的，则可多采用对比的手法，以符合不同使用者的生理和心理特点。

4 均衡与稳定

均衡与稳定是人类长期实践中从大自然与自身的特点中总结出的基本审美观念，在自然界包括人自身，绝大多数事物都是均衡的，在重力场的作用下，又都体现出很稳定的形态。因此，符合均衡与稳定原则的事物，人不仅认为是安全的，而且感觉是舒服的，从而人类把它作为了一个基本的审美要求运用到各种创造性活动当中。

但由于科学技术的进步，人类目前可以用一些技术手段来打破上小下大，上轻下重的稳定形式，这种打破均衡与稳定的造型往往可以给人新奇新颖的感觉，但过多使用这样的形式，会给人造成心理上的担心、焦虑，会使人有一种失控的感觉，相应地就会失去视觉美感，带来心理上的不快。因此，这样打破均衡与稳定的形式应该在设计中得到控制。

均衡包括静态均衡与动态均衡两种，而静态均衡中又包含对称均衡和非对称均衡两种，其中，由于对称的形式本身具有均衡的特性，因而具有完整统一性，而且由于对称均衡严格的组织关系，使得这种均衡体现出一种非常严谨、严肃、庄严的感觉，因此无论是中国的封建社会的宫殿（见图3.12），还是欧洲的古典主义的园林中（见图3.13），都运用这种形式以体现皇权至高无上的地位。在现代景观设计中，对称均衡也常常使用在强调轴线，突出中心的设计部分中，或是用于比较严肃的设计主题当中，如政府办公楼前的景观设计。

图3.12 故宫

图3.13 凡尔赛宫

图3.14 住宅小区非对称均衡景观

非对称均衡相对对称均衡来讲，各组成要素之间的设计要更灵活一些，主要是通过视觉感受来体现的，设计显得更轻松、活泼、优美，因而在现代的景观设计当中，更多的使用非对称均衡的手法（见图3.14)。

动态均衡是依靠运动来求得平衡的，例如旋转的陀螺、奔驰的动物、行驶中的自行车，都属于动态平衡，一旦运动终止，平衡的条件也随之消失。由于人们欣赏景物的方式有静态欣赏和动态欣赏两种，尤其是在园林景观中，更强调其动态欣赏，因此，景观设计非常强调时间和运动这两方面因素。在这一点上，中国古典园林所强调的步移景异等造园思想就体现出中国古代造园家早就在园林设计中运用了动态均衡的设计手法，因此，在现代景观设计中，更是要将动态均衡与静态均衡结合起来，从连续的行进过程中把握景观的动态平衡变化。

图3.15 舒特住宅花园链状小溪形成简单韵律

5 韵律与节奏

自然界中许多事物和现象，往往都是有规律或有秩序的变化激发了人们的美感，并使人们有意识的模仿，从而出现了以具有条理性、重复性、连续性为特征的韵律美，例如音乐、诗歌中所产生的韵律和节奏美。

在景观设计中，常采用点、线、面、体、色彩和质感等造型要素来实现韵律和节奏，从而使景观具有秩序感、运动感，在生动活泼的造型中体现整体性，具体应用主要包括以下几种。

5.1 简单韵律

同种的形式单元组合重复出现的连续构图方式称为简单韵律。简单韵律能体现出单纯的视觉效果，秩序感与整体性强，但易于显得单调，例如行道树的布置，柱廊的布置，大台阶的运用等（见图3.15)。

图3.16 几何形广场形成交错韵律

5.2 交替韵律

有两种以上因素交替等距反复出现的连续构图方式称为交替韵律，交替韵律由于重复出现的形式较简单韵律多，因此，在构图中变化较多，较为丰富，适合于表现热烈的、活泼的具有秩序感的景物。例如两种不同花池交替组合形成的韵律，两种不同材料的铺地交替出现形成的韵律（见图3.16)。

5.3 渐变韵律

渐变韵律指重复出现的构图要素在形状、大小、色彩、质感和间距上以渐变的方式排列形成的韵律，这种韵律根据渐变的方式不同，可以形成不同的感受，例如色彩的渐变可以形成丰富细腻的感受，质感的渐变可以带来趣味感，间距的渐变可以产生流动疏密的感觉等。总体而言，渐变的韵律可以增加景物的生气，但要使用恰当（见图3.17)。

图3.17 大小渐变韵律

6 比例与尺度

一切造型艺术都存在比例关系是否和谐的问题，和谐的比例能够引起人们的美感，如哲学家亚里士多德说：“任何美的东西，无论是动物或任何其他的由许多不同的部分所组成的东西，都不只是需要那些部分有一定的方式安排，同时还必须有一定的度量，因为美是由度量和秩序所组成的。”

在景观设计中，比例的运用也贯彻于设计的始末，这主要表现在两个方面：一方面是景观各个组成部分之间及各部分与整体之间的比例关系，例如景观的入口部分在整个景区所占的比例是否合适，或景观的起始阶段与景观的中心所占的比例是否合适，还有如在小区活动中心、儿童活动场地所占的比例是否合适，儿童和老年活动场地的比例是否恰当等，这些都属于在规划阶段就应该考虑的各种比例问题；另一方面，是景观各组成部分整体与局部的比例，或局部与局部之间的比例，主要指具体微观方面的设计，应用更加广泛，以一个广场设计为例，广场的硬制景观占广场的比例，广场所选用的地砖的大小与面积的比例，广场上选用植物的大小与广场的比例等，几乎每一个设计要素都要考虑比例关系。如图3.18所示，要推敲广场上铺地的尺度与广场的尺度形成的比例，铺地绿化的尺度与座椅的尺度形成的比例关系，树木的密度、大小与广场的比例等，可以说比例无处不在，只要进行景观要素设计，

图3.18 广场上各景观要素之间的比例推敲是设计的关键

就要考虑其比例关系。

但在设计当中，设计者要明白比例不只是视觉审美的唯一标准，它还要受功能要求、艺术的传统、社会的思想意识及工程技术、材料等多种因素的制约。以广场为例，从功能角度看，如果广场是位于商业中心的广场，主要是为人流的聚集、疏散或休息的广场，硬制景观会占主要比例，广场上的植物也在考虑遮荫的前提下，体量不能过大，否则就会影响周围的商业等。而如果是主要用于休闲的市民广场，其硬制景观的比例就要大大缩小，人工景观与自然景观的比例也相对减少，广场上可以栽植一些体量比较大的植物，形成独立的植物景观；从艺术传统来看，中国的古典园林建筑中建筑所占的比例较大，而西方传统园林中建筑的比例是很小的。因此，不能孤立地从审美角度去研究比例，而是要综合地结合各种因素去研究。

比例主要表现为各部分数量关系之比，是相对的，不涉及具体尺寸。和比例相连的另一个范畴是尺度，尺度研究的是建筑物的整体和局部给人感觉的大小印象和其真实大小之间的关系，尺度要涉及真实的大小和尺寸。

从一般意义上讲，凡是和人有关系的物品，都存在尺度的问题，例如家具、工具、生活用品等，而且在长期的使用过程中，这些事物的大小和形式，便统一为一体而铸入人们的记忆当中，从而形成正常的尺度观念。但是在景观设计中，常常使人丧失尺度的概念，一方面可能是景观过大，另一方面许多景观要素不是单纯根据功能决定的。

图3.19 台阶形成尺度感

因此在处理尺度的关系上，可以根据与人密切相关的要素作为尺度标准。例如通过一些为人服务的景观设施来确定景观的具体尺度，包括坐椅，栏杆，小型建筑如廊子、亭榭等来协调各景观元素的比例（见图3.19）。

当然，在某些特殊功能和特殊主题的景观设计中，可以有意识地利用超尺度的手法来达到特殊的效果。例如，在纪念性景观设计当中，有时用夸大的尺度以显示景观的恢弘壮观，使人感到自身的渺小，从而产生敬畏的感情；或在微缩景观中，用缩小的尺度把别处的景观微缩移植过来供人们参观。

第4章 景观设计中的环境行为学特性

景观设计所研究的对象以外部空间设计为主，由于人是一切空间活动的主体，也是一切空间形态的创造者，因此景观设计不能脱离身处其中的人的行为。而环境行为学是一门以人类行为为课题的科学，涵盖社会学、人类学、心理学和生物学等，通过研究人的行为、活动、价值观等问题，为生机蓬勃和舒适怡人环境的生成提供帮助。

1 景观与人类行为的基本需要

心理学家马斯洛在20世纪40年代就提出人的“需要层次”学说，这一学说对行为学及心理学等方面的研究具有很大的影响。他认为人有生理、安全、交往、尊重及自我实现等需求，这种需求是有层次的，最下面的需求是最基本的，而最上面的需求是最有个性和最高级的。不同情况下人的需求不同，这种需求是会发展变化的。当低层次没有得到满足的时候，不得不放弃高一层次的需要。虽然人本身所具有的复杂性常常同时出现各种需求，也并不是绝对按照层次的先后去满足需求的。但这种学说对我们认识人的心理需要仍然具有一定的普遍性。

根据马斯洛“需要层次”学说的理论，景观设计所应满足的层次也应该包括从低级到高级的层次过程，环境景观的参与者在不同阶段对环境场所有着不同的接受状态和需要。景观是研究人与自身、人与人和人与自然之间关系的艺术，因此，满足人的需要是设计的原动力。具体包括以下几个方面。

1.1 安全性

安全性是景观设计所要满足的最基本的要求，也属于马斯洛提出的基础层次，具体到景观设计的安全性设计上首先体现在对特定领域的从属性，在个人化的空间环境中，人需要能够占有和控制一定的空间领域。心理学家认为，领域不仅提供相对的安全感与便于沟通的信息，还表明了占有者的身份与对所占领域的权利象征。在庭院及任何具有领域性的场所空间的边界都设置有一定的范围边界，而且边界的围护程度也与场所所需要的安全性相互关联，例如私人庭院需要封闭性围墙设计（见图4.1），但在管理水平较高的小区中，用篱笆或栅栏就可以限定区域；在大型公园的区域中一些小分区的边界处理，由于所需的安全性主要属于心理上的界限，因此可以处理得更为自由和多样，如图4.2所示，可能只是坐椅的一种布置方式，就能带给人心理上的场所感和安全感。

图4.1 低矮的围墙限定空间

图4.2 坐椅给人安全感

1.2 实用性

实用性主要是针对景观设计的功能性而言，功能是景观设计的主要设计依据和最基本的要求，一处景观如何满足人们最基本的需要，首先要对其所要达到的目的作详细的分析。例如，学校图书馆周围景观设计，其主要功能包括：①满足人流集散；②与周围建筑之间的交通联系；③提供供人读书休息的场所和空间。在满足这些功能的基础之上，对现有周围环境，地形作详细的调研，然后对景观进行规划，使得规划后的景观合理恰当地满足其功能需要即达到了景观设计的实用性（见图4.3）。实用性还体现在景观中的每一种元素设计的多样化，不仅有以游赏、娱乐为目的的，而且还

图4.3 纽约公共图书馆室外环境

应有游人使用、参与及生产防护功能的。参与使人获得满足感和充实感，例如冠荫树下的树坛增加了坐凳就能让人得到休息的场所；草坪开放就可让人进入活动……用灌木作为绿篱有多种功能，既可把大场地细分为小功能区和空间，又能挡风、降低噪音，隐藏不雅的景致，形成视觉控制，同时用低矮的观赏灌木，人们可以接近欣赏它们的形态。

1.3 私密性与公共性

人类是社会性动物，需要交往，在这里交往涉及两个方面，一方面是私密性；另一方面是公共性。

私密性可以理解为个人对空间接近程度的选择性控制。人对私密空间的选择可以表现为一个人独处，希望按照自己的愿望支配自己的环境，或几个人亲密相处不愿受他人干扰。在竞争激烈、匆匆忙忙的社会环境中，特别是在繁华的城市中，人们极其向往拥有一块远离喧嚣的清静之地。设计师考虑人对私密性的需要，并不一定就是设计一个完全闭合的空间，但在空间属性上要对空间有较为完整和明确的限定。一些布局合理的绿色屏障或是分散排列的树就可以提供私密性，在植物营造的静谧空间中，人们可以读书、静坐、交谈（见图4.4）。

图4.4 安静私密空间

正如人类需要私密空间一样，有时人类也需要自由开阔的公共空间。环境心理学家曾提出社会向心与社会离心的空间概念，公共交往的开放性场所，为大多数人服务。同时，它又是人类与自然进行物质、能量和信息交流的重要场所。

1.4 宜人性

在满足基本的需要前提下，景观设计要满足更高的层次，即精神上的需要，在现代社会里，景观仅仅局限于经济实用功能还是不够的，它还必须是美的、动人的，令人愉悦的，必须满足人的审美需求及人们对美好事物热爱的心理需求。前一章介绍的有关美学方面的理论都可以指导设计。

图4.5 肯尼迪总统纪念碑

1.5 文化性

人的最高层次的需要是尊重和自我实现，这其中包含着人的归属感、认同感等心理需求，对景观设计而言，设计应该超出纯粹的形式和色彩的表达，表现得更应该是环境场所中对生命和灵魂的揭示。例如肯尼迪总统的纪念碑设计（见图4.5），设计师杰里科设计用一条小石块铺砌的小路蜿蜒穿过一片自然生长的树林，引导参观者到山腰的长方形纪念碑。纪念碑和谐地处在英国乡村风景中，像永恒的精神，给游人遐思遐想。白色纪念碑后的美国橡树在每年的11月叶色绯红，具有强烈的感染力，这正是肯尼迪总统遇难的季节。再经过一段开阔的草地，踏过一条规整的小路便可达到让人坐下来冥想的石凳前，可以俯瞰泰晤士河和绿色的原野，象征着未来和希望。杰里科希望参观者能仅仅通过潜意识来理解这朴实的景观，使参观者在心理上经过一段长远而伟大的历程，这就是一个人的生、死和灵魂，从而感受物质世界看不到的深层含义。

好的设计能带给我们许多思考和梦想，它应给人心灵的震撼和美好的情感回忆。文化属性和其他文化艺术一样具有传承民族文脉的特性。因此我们应该了解更多的表现语言，将自己的设计作品纳入特定的文脉中去考虑，对各种表现语言了解得越深入和全面，对形式的应用才越会得心应手。对于设计师来说，带有某种主观或客观的能动感觉和意识，以及个人思维的背景，自然会在设计作品中流露出多种的表现形式。我们可以通过对环境景观场所设计来印证自己有限的价值、观念等。

2 景观中的距离尺度

2.1 表现景观领域感的尺度

0.5～1km的距离之内，根据背景、光照，特别是所观察的人群移动与否等因素，可以看见和分辨出人群。但是距离大约400m以上的距离，只能看见大概的轮廓，看不清楚景物，因此景观设计可以根据这一原理，当希望表现出辽阔、深远的感受时，可以利用这个距离表现景观的领域感（见图4.6）。

图4.6 大于100m距离，具有平远开阔的感觉

2.2 表现景观场所感的尺度

当距离达到100m时，就已经可以看到具体的个人，例如一个人的性别，大概的年龄，在干什么，因此100m可以称为社会性视域。通过测绘大量中世纪广场的尺寸，并对其视觉进行测试的结果更验证了这一点，因此可以把100m作为形成景观场所感的距离（见图4.7）。

图4.7 距离100m内建筑周围形成场所感

2.3 表现景观空间感的尺度

当距离大约30m远处，可以看到人的面部特征，发型和年纪，当缩小到20～25m时，大多数人可以看清人的表情和心情，在这种情况下，见面才开始变得真正令人感兴趣，并带有一定的社会意义。因此在这种距离内，人们感觉比较亲切，可

图4.8 25m范围内形成空间感

以进行比较自由的交流，所以20～25m的距离是创造景观空间感的尺度（见图4.8）。

2.4 表现景观私密空间感的尺度

如果相距更近一些，信息的数量和强度都会大大增加，这是因为别的知觉开始补充视觉。在1～3m的距离内就能进行一般的交谈，体验到有意义的人际交流所必需的细节，如果再靠近一些，印象和感觉就会进一步得到加强。因此，非常亲密的感情交流发生在0～0.5m这一很小的范围内，在这一范围内，所有的感观一起起作用，所有的细枝末节都一览无余。因此在景观设计中为了创造出供人们更亲密交往的空间时，就应该参考人们的心理和距离的关系，根据行为心理学这一方面来优化景观设计的细节，创造出多样化的空间形式以满足不同行为的需要。

3 行为尺度及特点

3.1 步行

■ 步行的宽度

行走的主要空间是街道，街道的宽度与人流的密度有密切关系，在密度较低的小路上，主要考虑一人通过的宽度，一般设计在0.6～1m，而乡村的小径有时只有30cm宽度，供两人通过的道路宽度为1.2～1.6m，供多人通过的步道宽度为1.5～3m，更宽阔的公园道路可为5～6m。

■ 步行的长度

从体力上来说，步行也是有条件的，大多数人乐意行走的距离是有限的。大量的调查表明，对大多数人而言，在日常情况下步行400～500m的距离是可以接受的，对儿童、老人和残疾人来说，合适的步行距离通常要短得多。而在特定条件下，确定适当距离的关键不仅是实际的自然距离，更重要的是感觉距离。如果一条500m道路，设计得很平直、单调，周围没有适当的景物，这条道路可能给人感觉很长，很枯燥，但如果同样的距离设计上稍有曲折，并结合不同的空间感受和视觉景观，同时行走的距离不是一目了然的时候，人就不会感到道路的漫长。因此，合适的步行距离不仅与道路的长度有关，而且与道路的设计有关，设计内容还包括道路的质量和它的防护情况。图4.9是从丹麦设计师扬·盖

图4.9 实际距离与心理距离

尔所著《交往与空间》中选取的图片，图名为实际距离与心理距离，从上下两图的对照中可以看出，道路两旁景观设计的要素对人的心理感受可以产生巨大的影响。

■ 步行的行为习惯

● 走捷径的习惯

当人们可以看见步行的目标时，或对于步行的目的地非常明确时，总是极力找到最短的距离，避免绕行，这种行为习惯有时固执到甚至不考虑交通的安全，例如横跨护栏的行为就是最好的证明。因此根据这一行为特点，在做空间设计的同时，要考虑交通的便利性，例如大草坪中的道路的设计可根据人踩踏出来的实际道路来进行设计，以避免不合理性，另外道路设计时，要考虑人流的主要方向和目的进行设计，从而使设计更注重人性化。

图4.10 路边的高差变化为步行增加趣味性

● 高差感受习惯

在不同的空间场合，人对高差的感受有明显不同，当在主要用于交通的环境中，应避免过高的高差变化。高差变化会给步行者带来很大的麻烦，所以人们总是尽量避免较大的高差变化。例如人们总是宁愿绕行也不愿意通过天桥或过街通道，另外高差的变化也会对推婴儿车的人和坐轮椅的人造成很大的不便，因此，在室外空间设计中应尽量避免高差。在景观需要的时候可以考虑用坡道来代替台阶，或者将台阶与休息平台相联系创造出一系列短小的梯段，使人在心理上觉得轻松一些。但如果在不影响城市交通的前提下，在营造局部空间时，适当抬高地面或降低地面，可以限定出一定的空间场所，配合植物、雕塑等其他景观要素，能创作出人们所喜爱的局部环境，并给步行空间带来乐趣（见图4.10），台阶在这里也可成为一种造景要素，并可充当场所中的坐凳，只是这样的空间要注意设置一定的坡道，以满足残疾人、老人和推小孩的人。因此城市景观中高差的设计要根据具体环境来进行分析。

● 沿开阔空间边缘行走的习惯

经过大空间时，横穿开阔的空地或走进空间的中心一般都不太自在，而沿空间的边缘行走既可以体验到大空间的尺度，又能欣赏到街道或空间边界的细枝末节，令人赏心悦目。因此在道路设计的过程中注意道路的布置，一般把道路布置在城市广场的周边，或是在大空间通过的道路两边结合景观设计，使道路不显得单调乏味。

3.2 驻足停留与小憩

■ 边界效应

从环境行为学分析，人愿意在半公共、半私密的空间中逗留，一方面，这样保留了人们公共活动的参与感，能看到人群中的特色活动，如果愿意的话还可以随时参与到活动当中去；另一方面，能够使人产生安全感，处于带有一定私密性被保护的空间之中。由于人的眼睛看的是前面，后背是他最易受到攻击也难以防卫的地方，因此公园中最受人欢迎的坐位是那些凹入的有松墙保护的空椅，而不是临街的坐椅；同样在餐馆中，边上的坐椅总是最先占满的；无论是广场，街道或大的室内空间，小型群体活动总是从边上逐步扩展开的。因此，克里斯托弗·亚历山大在他的《建筑模式语言》一书中，总结了有关公共空间中边界效应和边界区域的经验：“如果边界不复存在，那么空间就绝不会富有生气。”图4.11和图4.12分别为广场和街道的边缘地带成为人们喜爱停留的场所。

图4.11 广场边缘成为就坐空间

图4.12 街道边缘成为停留空间

■ 良好的小坐场所

坐位的布置需要精心规划。许多坐椅完全是随意布置的，缺乏仔细的推敲，这样的例子俯拾即是。坐位的布局必须在通盘考虑场地的空间与功能质量的基础上进行。

每一条坐椅或者小憩之地都应有各自相宜的具体环境，置于空间中的小空间中，如凹处、转角处等能提供亲切、安全和良好微气候的地点。另外，有机会观看各种活动是选择坐位的一个关键因素，因而朝向与视野对于坐位的选择起着重要的作用，图4.13为朝向广场的坐凳，其背后也是开阔的街道，但坐位后边的矮墙给了人们安全感，避免了坐凳“漂浮”在场所中央的感觉。在景观设计中，除了基本坐位外，还需要有许多辅助坐位，如台阶、基础、矮墙、花池边缘等，都是很受欢迎的坐椅（见图4.14）。

图4.13 矮墙的存在避免了坐椅在空间中的漂浮

图4.14 花池充当坐凳

4 听觉

在景观设计中，场所的声音环境也是设计的一个重要组成部分，但人们常常忽略它对景观产生的效应，其实，聆听在人们的生活中起着非常重要的调节心灵的作用。

声音环境与人的听觉系统紧密相关，人所承受的噪音的最大值是60dB，当背景噪声超过60dB时候，就几乎不可能进行正常的交谈，而在城市混合交通的街道上，噪声的水平通常正是这个数值。因此在繁忙的街道上实际极少看到人在交谈，既是需要交流也是高声交换几句必要的短暂话语。

如果人们要听清楚别人的低声细语、脚步声和歌声等完整的社会场景要素，噪声水平就必须降至45～50dB。而较为安静的环境往往可以给人带来很多美好的感受，例如对于初次站在威尼斯火车站外台阶上的人来说，最深的印象不是运河、住宅和没有小汽车，而是人的声音，在这里可以聆听到人的清晰的声音，尤其是听到音乐、歌唱、呼喊和讲演，从而使步行变得情趣盎然。

因此在景观设计中，一方面是如何降低周围环境的背景噪音，尤其是城市道路的交通噪音是很重要的一项内容，我们可以将步行系统和交通系统分离，或是在紧邻城市道路的一侧考虑隔音的措施，例如种植比较密的行道树和绿篱进行阻隔噪音；另一方面在景观设计中创造美好的声音背景，例如流水的声音，微风吹拂树叶的声音，小鸟和昆虫的声音及背景音乐的声音等，为人们营造一个与自然亲近的、温和的环境空间。

5 景观及其视觉规律

5.1 赏景方式

■ 动态观赏与静态观赏

景观观赏的方式有动静之分，人们观看除了定点相对静止的审视对象外，更多的是运动和参照。动态观赏是指视点与景物发生相对位移，即移步换景，多视角、多方位感知景物，空间当中行走轨迹也被称为“动线”，动线不仅是空间位置变化，也是时间顺序的体现。因此景观设计是一种四维空间设计，在三维的坐标上加上了时间的维度，在这一点上，中国古典园林的设计可以说达到了很高的境界，中国古典园林利用分景、隔景、框景、夹景、对景和借景等多种手段在有限的空间中创造了丰富的景观层次，使园林中的人在游览的过程中真正体会到人在画中游，步移景异的空间感受。在现代景观设计中，我们可以充分借鉴古典园林的优秀经验，创造出丰富的景观层次

静态观赏是指视点与景物位置相对不变，景物如同一幅立体画，景物结构、层次固定不变，静态观赏注重景物的静态构图特点，注重主景与配景的关系，注重前景、中景和远景之间的配合形成丰富的层次和景深。

■ 平视、仰视和俯视观赏

根据视点与景物相对位置的远近高低变化，又可以将赏景方式分为平视、仰视和俯视三种方式。在景观设计中，应考虑各种景物特点，为游人创造各种视景条件，满足不同的观赏需要。

图4.15 平视

平视是指以视平线为中心的30°夹角视场中视线与地面平行向前，人可以舒展平望的一种观赏方式，平视观景可以给人以辽阔宁静的感受及坦荡开阔的胸怀，在景观设计中可以利用开阔的水面、平缓的草坪、开阔的视野等来表现景观的

辽阔和壮远（见图4.15）。

仰视是指视线与地面的夹角超过15°时，头部需要仰起，随着角度的不断增加，视线消失程度会产生变化，可以对景物产生高大感、宏伟感、崇高感和威严感。例如各种纪念碑和纪念性建筑物都设置在较高的基座上，并利用地形的变化将之设置在最高处，从而突出景物的崇高伟大，最典型的例子如中山陵的设计，就是利用地势的变化来突出主体建筑的威严（见图4.16）。

俯视是指人视点高，景物在视点下方，必须低头才能看清景物（见图4.17）。人们有时很喜爱居高临下，俯瞰大地，因此在景观设计中可以利用地形的变化，设置一些高处供人俯视，同时由于俯视的角度不同，也可以产生不同的感受，俯视角小于45°时，会产生深远的感受，小于30°时，会产生如临深渊的感受，小于10°时，则有一种凌空感，而小于0°、则会产生欲坠危机感。

图4.16 仰视

图4.17 俯视

5.2 视觉规律

■ 最佳视域

人在观赏景物时，有一个视角范围称为视域或视场。人的正常静观视场，垂直视角为130°，水平视角为160°。但按照人的视网膜鉴别率，最佳垂直视角小于30°，水平视角小于45°。

■ 适合视距

据研究，正常人的视力，明视距离为25cm，4km以外的景物就不易看到。根据眼球的构造，眼底视网膜的黄斑处，视觉最敏感，但黄斑的面积较小，只有6°～7°范围内的景物能映入黄斑。如果以黄斑中央微凹处为中心，再以中视线为轴，即构成圆锥的视锥。可称之为视锥和视域锥。一般在60°范围以内，图像较清楚，而30°范围以内，该视域内景物较为适宜。因此，在正常平视情况下，看清所观景物的整体形象，水平视场为45°，垂直视场为26°～30°。

研究结果表明，当垂直视域为30°时，其合适视距为

$$D=\mathrm{ctg}\alpha(H-h)=\mathrm{ctg}(30^\circ\times 1/2)(H-h)=\mathrm{ctg}15^\circ(H-h)=3.7(H-h)$$

式中 H——景物高，m；

h——人眼高，m；

α——垂直视角，(°)。

在这里，建筑师认为，对景物观赏的最佳视点有三个位置：即垂直视角为18°（景物高的3倍距离），27°(景物高的2倍距离)和45°（景物高的1倍距离）。景物高的3倍距离，是全景最佳视距；景物高的2倍距离，是景物主体最佳视距；景物高的1倍距离，是景物细部最佳视距。当景物的高度大于或等于宽度时，大型景物的适合视距约为景物高度的3.5倍，小型景物的适合视距约为景物高度的3倍。当景物的高度小于其宽度时，应先作比较，以大的值作为适合视距的取值标准。

第5章　景观设计构成要素

1 地形

1.1 地形概念

景观设计中的地形概念是指测量学中地形的一部分——地貌，即地表各种起伏形状的地貌。景观用地范围内的峰、峦、坡、谷、湖、潭、溪、瀑等山水地形外貌，是景观的骨架，也是整个景观赖以存在的基础。按照景观设计的要求，综合考虑同造景有关的各种因素，充分利用原有地貌，统筹安排景物设施，对局部地形进行改进，使园内与园外在高程上具有合理的关系，这个过程称为景观地貌创作。

1.2 地形在设计中的作用

地形是景观设计的基底和依托，是构成整个景观的骨架，地形设计布置的恰当与否直接影响到其他要素的设计。地形设计的功能主要包括以下3项：

（1）满足景观功能要求。利用不同的地形地貌，设计出不同功能的场所、景观，组织景观空间，形成优美景观。

（2）改善种植和建筑物条件。利用和改造地形，创造有利于植物生长和建筑的条件，提供干、湿，以及水中、阴、阳、缓陡等多样性环境。

（3）解决排水问题。所形成水面提供多种景观用途，同时具有灌溉、抗旱、防灾作用。

地形对景观具有制约性影响，例如在传统的园林设计中，在造园风格相近的情况下，地形的不同形成了不同的景观艺术特色。例如意大利的地形特点形成了其台地园的艺术风格，意大利半岛三面濒海而又多山地，所以它的建筑都是因其具体的山坡地势而建的，因此它前面能引出中轴线开辟出一层层台地，分别配以平台、水池、喷泉、雕像等；然后在中轴线两旁栽植一些高耸的植物如黄杨、杉树等，与周围的自然环境相协调（见图5.1），而当意大利台地园传入法国后，因法国多平原，有着大片的植被和河流、湖泊，因此该风格的园林则设计成平地上中轴线对称整齐的规则式布局（见图5.2）。

图5.1 意大利台地园

图5.2 法国古典主义园林

对于自然式园林来说，地形更是园林景观的骨架，例如中国古典园林中一个重要的原则即是“相地合宜，构园得体”，即构园的基础是相地，根据地形的特点，“高方欲就平台，低洼可开池沼”。最典型的自然式园林可算是颐和园，它是在选址的基础上，利用自然地形的特点设计的一处皇家园林，广阔的昆明湖水面是园林布置极好的基础。位于广阔的昆明湖北岸，有一座高达58m的万寿山，好像一座翠屏峙立在北面。清澈的湖水好像一面镜子，把万寿山映衬得分外秀丽。湖山景色密切结合成为一个整体。古代的造园艺术家和工匠们，在设计和建造这座园林的时候，充分利用了这一湖山相连的优越自然条件，适当地布置园林建筑和风景点。如抱山环湖的长廊和石栏，把湖和山明显地分清而又紧密地连接在一起。伸入湖中的知春亭，临湖映水的什景花窗，建造在湖边山麓上的石舫等，都巧妙地把湖和山结合在一起（见图5.3）。

图5.3 颐和园

1.3 利用地形塑造空间

■ 利用地形分隔空间

利用地形可有效地、自然地划分空间，使之成为不同功能和景色特点的区域，在划分空间的过程中应从功能、地形和景观特点等几个方面来考虑，在分隔空间的同时可获得空间大小对比的艺术效果。

避暑山庄按照地形地貌特征进行选址和总体设计，完全借助于自然地势，因山就水，顺其自然，避暑山庄按照地形分宫殿区、湖泊区、平原区和山峦区四大部分（见图5.4）。宫殿区位于湖泊南岸，地形平坦，是皇帝处理朝政、举行庆典和生活起居的地方，占地10万m^2，由正宫、松鹤斋、万壑松风和东宫四组建筑组成；湖泊区位于宫殿区的北面，湖泊面积包括洲岛约占43hm^2，有8个小岛屿，将湖面分割成大小不同的区域，层次分明，洲岛错落，碧波荡漾，富有江南鱼米之乡的特色；平原区位于湖区北面的山脚下，地势开阔，有万树园和试马埭，是一片碧草茵茵、林木茂盛，具有茫茫草原风光的区域；山峦区位于山庄的西北部，面积约占全园的4/5，这里山峦起伏，

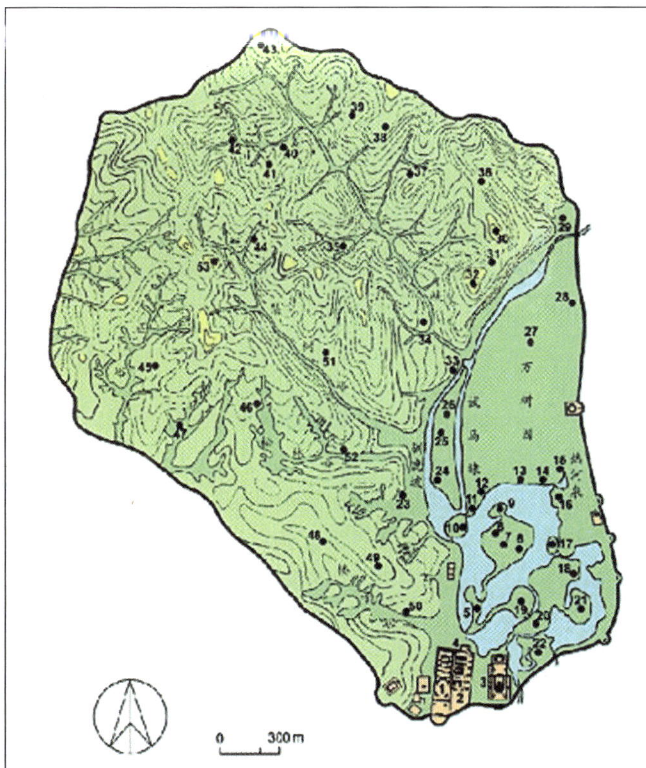

图5.4 避暑山庄平面图

沟壑纵横，众多楼堂殿阁、寺庙点缀其间。整个山庄东南多水，西北多山，是中国自然地貌的缩影。山庄整体布局巧用地形，因山就势，分区明确，景色丰富，与其他园林相比，有其独特的风格。

在现代公园设计中，很多也是根据地形来分割空间和区域，一般都结合平地作入口开阔空间设计，把人流量多的公园附属设施安排在靠近公园入口的平地，而把内部起伏较大的山水区域结合安静休息功能景区设计，通过山地的起伏形成丰富的地形变化，凹入的地形结合水和植物可形成私密性较强的空间等。

■ 利用地形形成特色空间

● 凸地形与开敞空间

当地形比周围环境地形高，则此处空间具有视野开阔的特点，视野具有延伸性，空间呈发散状，此种地形为凸地形。这种空间由于它的地位较为突出，明显，因此常结合一些造景的要素形成空间的主景，当这个造景的要素达到一定尺度，就可以对整个景区形成控制；同时由于地势高，视线不被遮挡，可极目远眺，因此也常常作为观景场所（见图5.5）。

图5.5 凸地形景观

● 凹地形与闭锁空间

当地形比周围地形低，则视线比较封闭，闭锁空间中所见的风景是闭锁风景，屏障物之顶部与游人视线所成角度愈大，则闭锁性愈强。这也与游人和景物的距离有关，距离越小，闭锁性越强；距离越大，闭锁性越小。闭锁风景，近景感染力强，四周景物，可琳琅满目，但久赏易感闭塞，易觉疲劳。

由于在整体空间中的封闭性特性，可以利用这样的空间营造相对安静和私密性空间，以满足游人多样化需要。考虑此空间的独特特点，可在空间内部设置景观，使之成为景观的中心，这种凹地形常常是安静

图5.6 凹地形景观——深山藏古寺

休憩型的园林建筑及寺观建筑选址的空间（见图5.6）。另外可以结合凹入对地形的坡面进行设计。

■ 利用地形来遮挡和引导空间

地形可以遮挡人的视线，遮挡冬季的寒风及街道的噪音，我们可以根据景观的需要，在适当的地方运用地形来满足人对环境的需要，例如在紧邻城市道路公园的一侧可以结合地形的升高，将道路的噪音隔离出去，同时形成视觉的屏障；另外如果在景观的冬季主导风向上方设计高地，则可以将地形的变化与微气候的设计结合起来。群山环抱，气势雄伟，放在西北面，可以遮挡冬天的风；而舒坦的向阳面，增加了种植地面。左边流水潺潺，右边盘旋大道，前面荷塘清池。这是中国风俗里风水："左有流水谓之青龙，右有长道谓之白虎，前有污池谓之朱雀，后有丘陵谓之玄武，为最贵地"（见图5.7）。

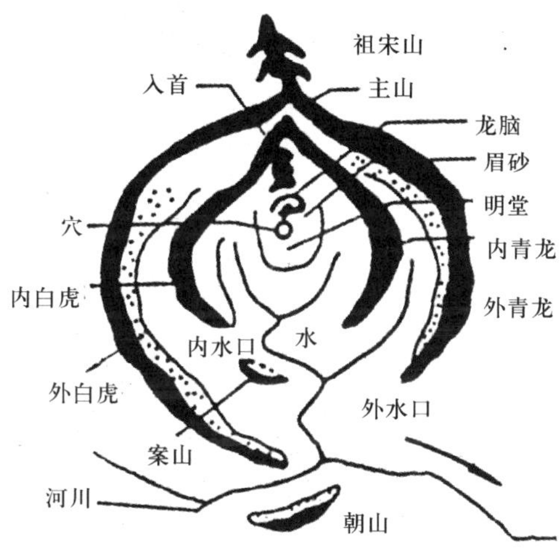

(a)

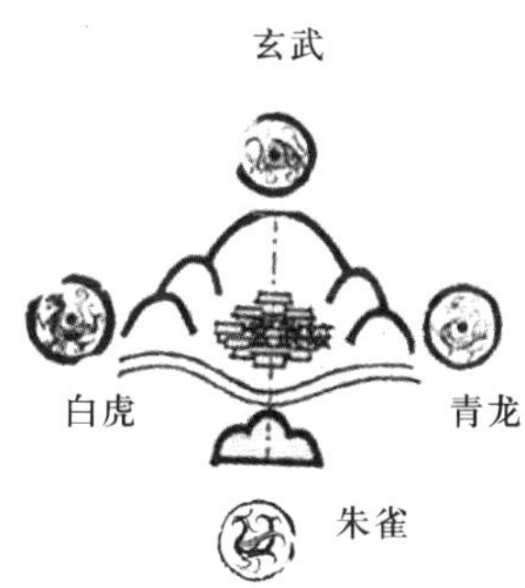

(b)

图5.7 风水理想地形

(a) 理想的风水图；(b) 四神砂方位图

可以利用地形对视线的遮挡和引导来设计空间，例如利用地形采用障景和隔景的手法是中国传统园林中常用的空间处理方法，障景往往用于景观入口自成一景，位于园林景观的序幕，增加景观空间层次，将园中佳景加以隐障，达到柳暗花明的艺术效果。例如拙政园入园后一座假山挡住视线，不使一览无遗，谓之“障景”，绕过假山到达主体建筑“远香堂”，才豁然开朗，一收一放，欲扬先抑，是苏州园林入口常见的处理方式，更为含蓄多趣。而隔景也可以分为实隔和虚隔，采用山石地形隔景为实隔，而采用水面隔景为虚隔，通过地形的变化，园景虚实变换，丰富多彩，引人入胜。

1.4 地形的主要类型

■ 平地

这是景观设计中运用最多的一种。即把现有地形，进行填沟削岗、平整土地，塑造成平坦宽阔的地形。景观中的平地大致有草地、集散广场、交通广场和建筑用地等。该地形便于景观绿化设计与施工，景观植物的浇水灌溉及草坪的整形修剪。

图5.8 平地上的竖向构图要素

平地本质上是一宽阔的基面，所有景观植物或附属景观设施的基点都处于同一个水平面上，在视觉上给人以强烈的连续性和统一性。因此平地上的景观往往可以创造平远辽阔的感觉，其上所有元素既有非常重要的相互联系，同时各自又有非常重要的视觉作用，每一个垂直要素必须既要考虑自身的形式，又能成为整个场所的精神（见图5.8）。

图5.9 利用植物创造空间

平地的道路不受地形的限制，从任何方向都可通达，因此内外交通环线是重点设计的要素，因为它们控制着规划的视觉展现效果。

但平地景观有其不利的一点，即相对而言景观的趣味较少，因为景观规划趣味的产生依赖于空间与空间、物体与空间之间的关系，平地景观空间的塑造只能依赖其他景观构成要素，而不能依赖地形的变化。同时平地上没有焦点，因此设计中场地上，最鲜艳的要素将决定该地的景观。在平地景观中，可以利用植物来形成丰富的空间（见图5.9），以弥补平地景观趣味较少的不足。

平地是一种中性的场所，场地的特征取决于设计要素的特点和风格，由于它缺少第三维，因此，在场地上任何小的地形改造如下沉，局部抬高等都可给场地鲜明的印象。要充分利用平地微小的场地变化来创造景观，例如利用树木和建筑强化场地的起伏（见图5.10）。

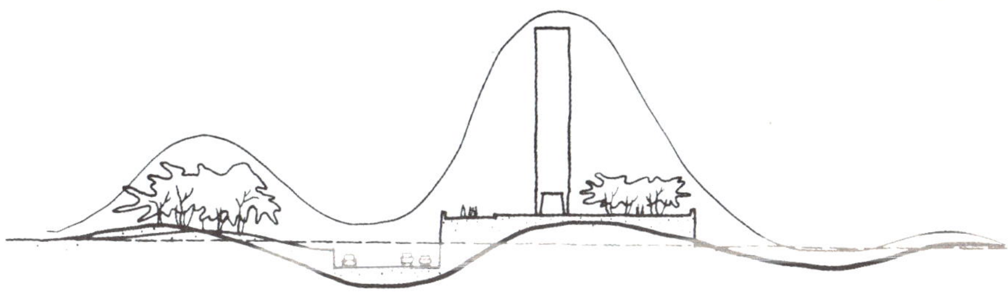

图5.10 充分利用平地微地形创造景观

■ 坡地

斜坡是外向型的。规划方向通常是向外、向下的（见图5.11）。在坡地上等高线是主要的规划元素，通常采用等高线规划，让规划要素与等高线平行排列。

对于斜坡而言，坡道和踏步是解决交通的一个主要元素，但对于车辆交通来说，道路规划应沿边绕行，即沿等高线进行设计。如果在坡地上需要大面积的平地，可以通过在坡面上开挖或堆垒得到，采用梯田状方案进行设计，坡度过大需要挡土墙或坡度渐大的斜面支撑。

图5.11 坡地景观

坡度是具有动态的景观特征，这种场地容易形成动态的布局形式，并可以通过阶梯、眺台及挑台的运用（见图5.12），自然坡度的变化得到强化和夸张，并可以创造出许多珍贵的水景特性，例如瀑布、跌水、喷泉、水幕等。

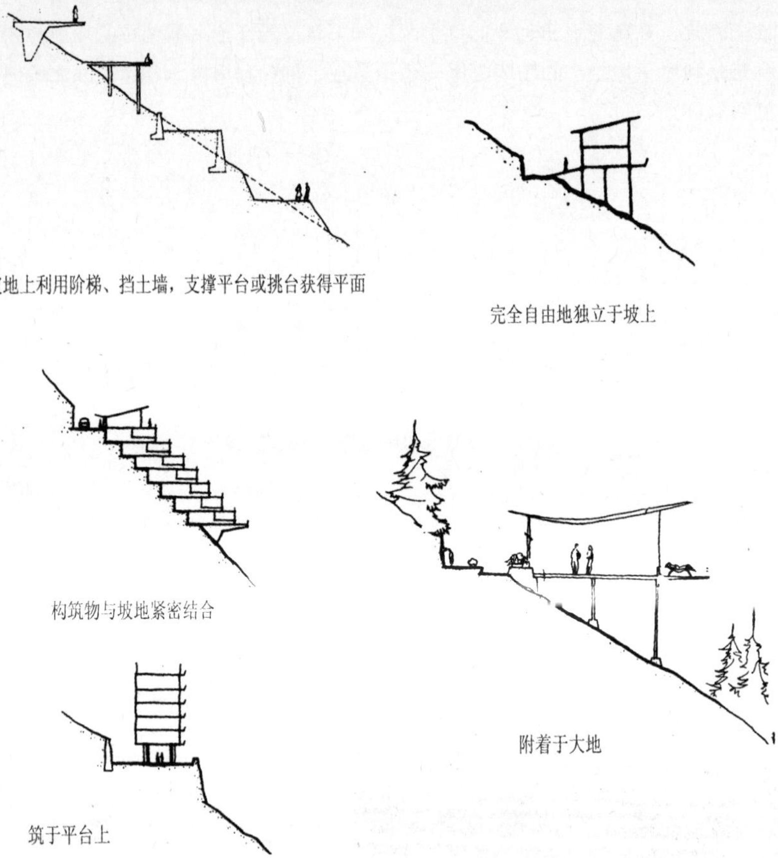

图5.12 利用坡地创造景观

■ 堆山

堆山（也称掇山、迭山）更确切地说是对地形的改造，而不是原有地形的利用，堆山在我国古典园林是最为常见的改造地形的手段，图5.13为环秀山庄的假山。我国古典园林以风景为骨干的山水园而著称。有了山就有高低起伏的地势，能调节游人的视点，组织空间，造成仰视、平视、俯视的景观，能丰富园林建筑条件和园林植物的

图5.13 假山

图5.14 南京瞻园假山和水面

栽植条件，并增加游人的活动面积，丰富园林艺术内容。因此在现代景观设计中我们也可以采取堆山的手段来改变原有的地形。

堆山可以是独山，也可以是群山，独山有独山之形，群山有群山之势。在设计独山或群山时都应注意东西延长的山，要将较大的一面向阳，以利于栽植树木和安排主景，尤其是临水的一面应该是山的阳面。

■ 理水

理水原指中国传统园林的水景处理，今泛指各类园林中的水景处理。在中国传统的自然山水园中，水和山同样重要。我国古典园林当中，山水是密不可分的，迭山必须顾及理水，有了山还只是静止的景物，山有水才活，有了水能使景物生动起来，能打破空间的闭锁，还能产生倒影（见图5.14）。水是流动的、不定形的，与山的稳重、固定恰成鲜明对比。水中的天光云影和周围景物的倒影，水中的碧波游鱼、荷花睡莲等，使园景生动活泼，所以有“山得水而活，水得山而媚”之说。园林中的水面还可以划船、游泳，或做其他水上活动，并有调节气温、湿度、滋润土壤的功能，又可用来浇灌花木和防火。

自然风景中的江湖、溪涧、瀑布等具有不同的形式和特点，传统园林的理水，是对自然山水特征的概括、提炼和再现。各类水的形态特征的刻画，主要在于水体源流，水情的动、静，水面的聚、分，符合自然规律，在于岸线、岛屿、矶滩等细节的处理和背景环境的衬托。运用这些手法来构成风景面貌，做到“小中见大”、“以少胜多”。这种理水的原则，对现代城市公园，仍然具有借鉴的艺术价值和节约用地的经济意义。

在对地形的应用中要将山水结合起来，利用港汊、溪涧、瀑布引水入山，使水有源，利用石矶、汀步、小岛、洞壑引山入水，使山水缠绕。同时注意边岸要曲折近水，且使山环水抱。水口有两种，一为水流入之处，要开敞；一为水流出之所，要封闭。

1.5 地形的设计原则

地形的设计原则主要包括以下几方面。

(1) 利用为主，改造为辅。

(2) 因地制宜，顺其自然。

(3) 节约原则。

(4) 符合自然规律与艺术要求。

1.6 地形设计与绿化、道路、建筑的关系

■ 地形设计与绿化

绿化种植时要烘托山形（见图5.15），山上种植高大乔木，山下要控制树木生长高度，或者留部分疏林、草坡，景观比例上就会有很大变化。因为乔木的生长高度和山高有时相差无几，如果再种色树，就有满山红遍的景色。

图5.15 种植与地形结合

■ 地形设计与道路

道路要在整个地形之中，峰回而路转，跟着地形、地貌上下曲折盘桓；而不是地形在道路两旁，互不关联。曲折蜿蜒的道路、入口，在自然山水中符合人们的审美趣

味，延长了游览长度，也符合山区避风、安全防御的习惯心理。切勿以捷径为目的，追求节约。注意山路如坡度太大时(6%以上)，应顺等高线方向作盘山路上升，坡度再大时(10%以上)，则应做台阶。

■ 地形设计与建筑

建筑要依山傍水，在绿丛之中，勿喧宾夺主，勿破坏山形。建筑要借物抒情，指点江山使山色情景交融。同时要留出风景透视线，或隐或现，组成轴线，团结全园。

景观地形提供了其他造园元素、材料立足生根之地，也只有各项元素相互配合好，景观方可熠熠生辉。

2 空间

景观设计不应该仅仅局限于二维空间的规划上，实际它所研究的内容是三维空间设计，因此重点是空间的设计，与室内设计不同的是，景观设计处理的大多是外部空间的设计及外部空间与内部空间的渗透协调关系。因此我们应该注意空间的属性和限制空间的要素。

2.1 空间的特性

我们生活的户外空间多种多样，不同的空间可以引发人们产生不同的感受。空间可以是内向的，它可形成一种宁静的限定的空间范围，使人的视线和注意力集中在空间的内部（见图5.16）；空间可以是外向的，它可以无限沿展或似乎要扩展，它把人的视线引导到外部空间中，并进一步促进向外运动的欲望（见图5.17）；空间可以是安静私密的，这个空间不被人打扰，没有视线干扰，人们可以悠然地停留于此（见图

图5.16 内向型空间

图5.17 外向型空间

图5.18 安静休闲空间

图5.19 娱乐型空间

5.18）；空间可以是热闹的、喧嚣的，充满各种视觉要素和色彩的，人们可以在此娱乐（见图5.19）。空间的属性可以暗示人们停留或通过，可以给人们愉悦和静思，不同的空间可以诱发人们不同的行为，同时人们也因行为的不同，对空间进行选择。因此，对户外空间进行设计，首先要对空间的特性进行研究，确定空间的性质是进行空间设计的第一步。

2.2 空间的尺度

我们室外的生活环境可以看作为一系列的空间，尺度上它们从巨大到微小，从开放自由到相对局限，从自然到高度精美。人类活动对不同空间的需要是不同的，不同空间给人心理上造成的影响也是不同的，而景观设计的目的是提供适宜的外部空间，即为室外活动的人服务，因此空间的尺度要合乎空间的使用和空间营造的氛围两方面的需要。首先要符合空间的使用要求，分析空间的用途是单一的目的还是综合的目的，根据空间的使用，一般的空间不可过小，过小不能满足使用的要求；同样也不可过大，过大除了浪费空间，同时会丧失空间的特性，与空间的性格不相符，会显得过于空旷，而失去亲切感；其次，要考虑空间的艺术要求，大尺度的空间气势壮观，感染力强，常使人肃然起敬，多用于宏伟的或纪念性的空间中，例如北京的天安门广场（见图5.20），巨大的尺度可以突出其作为中国行政中心的地位，使身处其中的人感受到宏伟庄严肃穆的空间氛围。有时，大尺度也是财富和权力的象征，例如颐和园湖山区的空间，通过大的尺度，表现皇家至高无上的地位和权力。而恰当适合的小尺度往往可

图5.20 天安门广场

图5.21 亲切的空间尺度

以满足大多数空间的需要，营造出舒适宜人亲切的空间氛围（见图5.21）。

2.3 空间的封闭程度

不同的空间具有不同程度的封闭性，空间的封闭程度主要取决于围合空间的竖向要素的高度、密实性和连续性，这些竖向要素较为常见的是建筑、墙体、山石、植物等。以常见的围合墙体为例，根据卢原义信外部空间的设计可以清晰地看出不同墙高对于空间的围合程度不同（见图5.22）：30cm的高度只能达到勉强区别领域的程度，几乎没有封闭性，由于它刚好成为休憩坐位的高度或搁脚的高度，因此带来极非正式的印象；60cm的高度与30cm较为相似，在视觉上有连续性，还没有达到封闭性的程度；到达1.2m高度时，身体的大部分逐渐看不见了，带来安心的感觉，与此同时，作为划分空间的隔断性加强了，在视觉上仍然具有充分的连续性；到达1.5m高度时，只有头部露在外面，封闭性进一步加强；到达1.8m以上时，视线被完全遮挡，形成了封闭性的空间。因而，从这个方面看封闭性就是比人视线高的墙体遮断了地面的连续性而产生的。

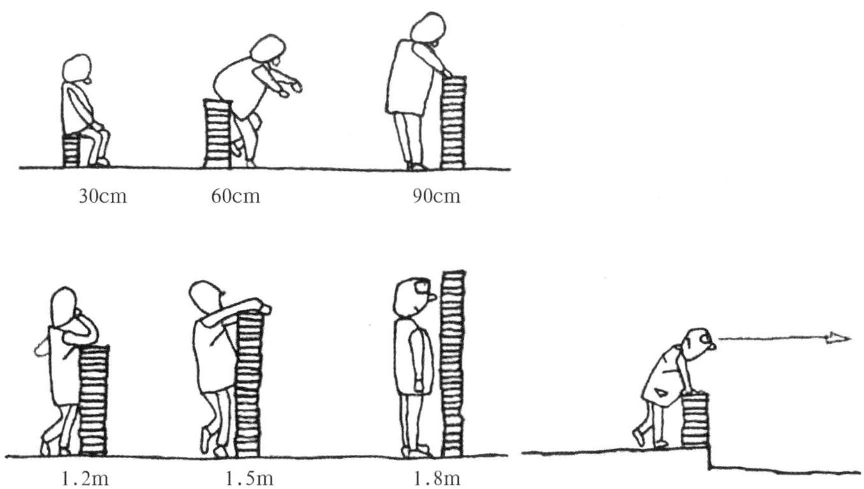

表示外部空间墙壁高度的重要性　　矮墙主要用于空间的划分

图5.22 空间的分割

空间的封闭程度还取决于围合的竖向要素的密实性和连续性，仍以墙体为例，例如中国古典园林分景的方式之一就是采用不同的墙体来分割景区，如果希望形成两个封闭独立的景区，就采取用实墙分割的方式，如果希望两个空间之间可以有交流渗透，就采用带漏窗的隔墙；如果希望空间更为通透，则采取双面空廊的方式进行分隔，因此不同墙面的密实程度决定空间的封闭程度。

2.4 外部空间的层次

外部空间常常是多个空间的组合，在空间组合的过程中，要注意不同空间之间的渗透与联系，利用空间的渗透，借丰富的层次变化而极大地加强景的深远感，从而造成一种极其深远和不可穷尽的幻觉，加强空间的丰富性。在这一方面，中国和日本都做得很好，空间的形式是渐次展开的，是含蓄和有深度的。例如中国传统私家园林中的留园石林小院，空间院落极小，建筑十分密集，但由于若干空间相互渗透和层次变化异常丰富，却使人有深邃曲折和不可穷尽之感（见图5.23）。这样的例子几乎遍布园林中的任何一个空间。

图5.23 留园石林小院

2.5 空间的对比

空间的对比包括空间大小的对比，形状的对比和虚实的对比，空间利用各种对比的手段来突出空间的特性，丰富了外部空间。

■ 大小的对比

外部空间一般都有主次空间，主要空间一般尺度都较大，空间的表现力较强，人流量大，空间内容较为丰富，一般体现出景观总的特色、内涵和风格；次要空间一般属于随从空间，空间尺度较小，围绕主要空间展开，主次空间可以形成大小空间的对比，通过对比，体现主要空间的开阔和开朗，深化主题的作用。图5.24为颐和园的平面图，从图中可以看出颐和园的主景区为前山前湖的景区，前山以佛香阁为中心，组成巨大的主体建筑群，华丽雄伟，气势磅礴。碧波荡漾的昆明湖平铺在万寿山南麓，约占全园面积的3/4，万寿山和昆明湖这一山一水成为园林艺术的主题，而颐和园的后湖景区则通过幽深狭长与主景区形成对比。正是这种不同空间的对比，丰富了园林的空间。

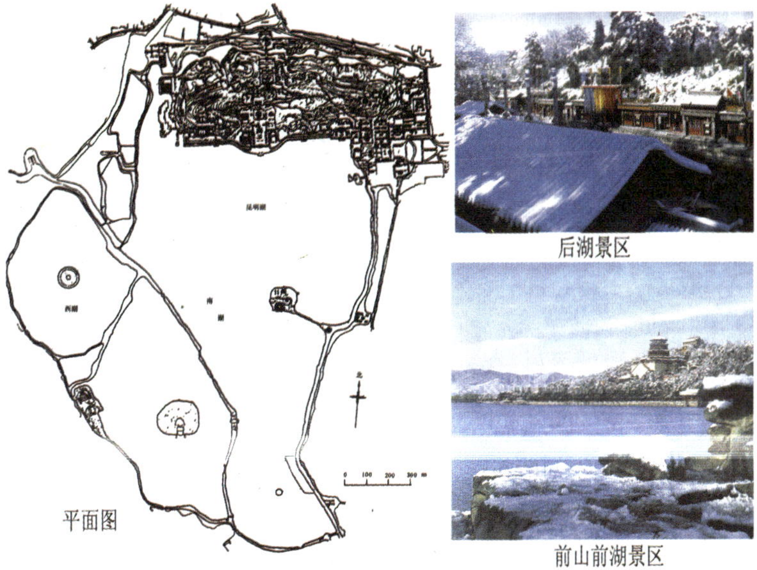

图5.24 颐和园

■ 形状的对比

通常是纵向空间与横向空间的对比，曲折空间与规整空间的对比，通过空间形状的对比，可以强化空间的感染力。例如法国南锡斯坦尼斯拉斯广场群由3个广场空间组成，广场的北端为长圆形的王室广场，中间是一个狭长的跑马广场，最南头是长方形的路易十五广场，3个广场形状各不相同，四周的建筑处理差别很大，人们身处其间，能感受到空间的对比和变化，丰富了广场建筑群的空间体验（见图5.25）。

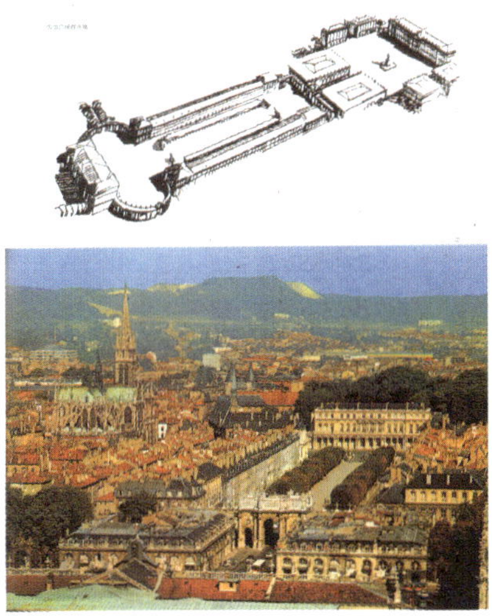

图5.25 南锡斯坦尼斯拉斯广场

■ 虚实的对比

虚与实是相对的，建筑与植物相比，则建筑是实的，植物是虚的；山水相比，则山实水虚；墙和漏窗相比，则墙是实的，漏窗是虚的；景观设计利用虚实的手法，以虚称实，以实破虚，实中有虚，虚中见实，从而达到丰富视觉感受，增强美感形式，加强审美效果的作用（见图5.26）。

2.6 空间的序列

空间序列组织是关系园的整体结构和布局的全局性的问题。空间的设计如同文章的结构一样，要有一定的序列把文章组织起来，形成开端——发展——高潮——结尾这样的空间序列，要求有戏剧性的安排，音乐般的节奏，既有起景、高潮、结景空间，又有过渡空间，使空间主次分明，开、闭、聚适当，大小尺度相宜，也使人们在空间中感受不同的空间特性，从而在心理上也具有一种序列过程，使环境和人引起共鸣。例如图5.27为紫禁城的平面图，可以看出整个建筑群和广场布置都是按照这样的空间序列展开的，大清门、千步廊和天安门是紫禁城的开端，从天安门到端门、武门，就是紫禁城的发展，位于中部的由三大殿组成的乾清宫和坤宁宫则无疑是紫禁城的高潮，而其中太和殿、中和殿和保和殿则是序列的重心，最后过神武门，到达景山，是整个紫禁城的结尾，完成了整个建筑群的序列过程。另外有人把中国古典园林比喻为山水画的长卷，意思是指它具有多空间、多视点和连续性变化等特点。空间的序列不是一条线索，而是多条线索交织发展的序列空间，因而更为生动。

图5.26 网师园虚实对比

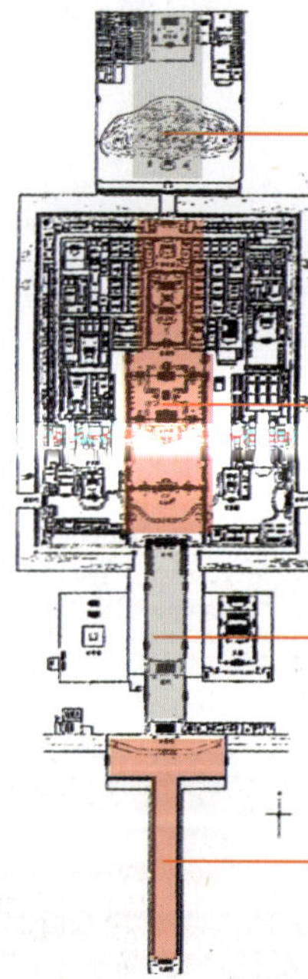

图5.27 紫禁城平面图

3 园路

园路是观赏景观的行走路线，是景观的动线，包括道路广场等各种铺装地坪，它是园林不可缺少的构成要素，是园林的骨架、网格。

3.1 园路的功能

园路和多数城市道路不同之处在于除了组织交通、运输之外，其更重要的是在景观上的作用。园路通过对导游路线和风景视线的组织，引导游人按照设计的意图、路线、角度来欣赏景观风景，并按照景观连续构图的展示程序逐渐展示园景，从而让人感受到步移景异的景观特色。因此在景观设计时，应考虑将园路和景观有机结合，同时注意园路与景观节点的结合，使人在行走的过程中也可以体会到优美的景色；另外园路、广场的铺装、线形、色彩等本身也是园林景观的一部分。

3.2 园路的类型和尺度

园路和广场的尺度、分布密度应该是人流密度客观、合理的反映。“路是走出来的”，从另一方面说明，人多的地方，尺度和密度应该大一些；休闲散步区域，人流量小的地方要小一些，如果不遵循基本的原则，就不能发挥园路的合理作用，例如有些地方为了追求开阔的景观效果，故意增加硬制铺装的面积，这不仅增加建设投资，也导致终日暴晒，行人屈指可数，于生态不利。

一般园林的园路根据性质和功能可分为以下几种。

（1）主要道路。主要道路需联系全园、必须考虑通行、生产、救护、消防、游览车辆，宽为7～8m(见图5.28)。

（2）次要道路。次要道路需沟通各景点、建筑，通轻型车辆及人力车，宽为3～4m(见图5.29)。

（3）休闲小路。双人行走道宽1.2～1.5m，单人行走道宽0.6～1m。休闲小路可在山上、水边和树林中，多曲折自由布置(见图5.30、图5.31)。

图5.28 主要道路

图5.29 次要道路

图5.30 滨江路

图5.31 休闲步道

3.3 园路的规划设计原则

■ 园路设计的风格应与景观设计的整体风格相一致

直线形的园路适合于规则式园林中，而自由曲线形的园路较适合于自由式园林，因此，首先应分析景观的特点和功能的需要，再进行园路设计。但在现代综合性景观设计中，大多数情况是在园林中采用一种方式为主的同时，也可以用另一种方式补充，当然这也是和局部园路设计所需要的功能和表达的氛围相协调的。例如许多公园的入口处采用直线形和规整式园路，以突出主入口的气势，而在公园的内部游览区域却采用自由式曲线形的园路以体现休闲娱乐的特点。

图5.32 云台花园游览路线图

图5.33 园路转折处改变宽度

图5.34 园路和广场相结合

■ 交通性从属于游览性

园路既有交通作用，又有游览作用，当景观道路肩负以交通为主导的作用时，在景观设计中应考虑其便捷性的原则。例如校园景观中的道路，如果规划的不合理，就会发现在不希望被踩踏的草地上会留下一条践踏出的小路，而这条小路又恰恰是交通最便捷的路线。但从景观总体来看，大多数情况园路的游览作用应该是占首位的，因此园路的设计不以便捷为原则，而是根据地形的要求，景点的分布等因素，因地制宜地布置，园路适当的曲折迂回可以增加游览的时间及对景物多视角的观察，同时曲线形的道路也较适合轻松悠闲的园景特色，但道路的迂回曲折应有度，不可为曲折而曲折，矫揉造作，让游人走冤枉路。另外，由于游人一般不愿走回头路，因此，主要园路应尽可能布置成环状（见图5.32）。

园路的游览特性还表现在园路为游览所创造的各种条件上，在满足这些要求的同时，也可以使园路变得更丰富。例如园路可以根据功能需要采用变断面的形式，如转折处不同宽狭；坐凳、椅处外延边界；路旁安放过路亭；还有园路和小广场相结合等（见图5.33、图5.34）。这样宽狭不一，曲直相济，反倒使园路多变，生动起来，做到一条路上休闲、停留和人行、运动相结合，各得其所。

■ 园路的布局应主次分明，密度得体

园路系统必须主次分明、方向明确，园路的主次可以通过不同的宽度和不同的路

面铺装方式来区分，同时园内主要的景点应与主要园路相联系，从而使大多数人都可以游览到；另外注意园路设计的方向性，避免引起人们辨别的困难甚至造成迷路。

园路的疏密与景区的性质、地形和游人量多少有关，一般景区出入口、娱乐区、展览区等游人较集中的地方，园路密度可大些，而安静休息区或地形较复杂区域，园路密度可低些。考虑到园路所具有的分割空间的特性，因此要结合空间进行设计，园路过密，会使空间分割过碎；而园路密度不够，可能造成容量过大的弊病。

■ 园路的交叉

园路的交叉要注意以下几点：

（1）避免多路交叉。这样路况复杂，导向不明。

（2）尽量靠近正交。锐角过小，车辆不易转弯，人行要穿绿地。

（3）要有景色和特点。尤其是三岔路口，可形成对景，让人记忆犹新不易遗忘。

（4）道路正交时，应在端头处适当地扩大做成小广场，这样有利于交通，可以避免游人过于拥挤。

3.4 园路的铺装

图5.35 道路铺装

园路按使用材料的不同，可分为整体路面、块料路面、碎料路面，图5.35为各种路面的铺装。其中主要园路常采用混凝土和沥青的整体路面，次要园路采用天然石块、预制混凝土块等块状路面，游憩小路采用碎石、卵石、砖渣等碎料路面。可根据道路所使用的材料对道路进行分类，例如，主要干道、交通性强的地方，要牢固、平坦、防滑、耐磨，线条简洁大方，便于施工和管理。而小径、小空间、休闲林荫道，可丰富多彩一些。

3.5 园路坡度

园路在山坡，坡度不小于6%时，要顺着等高线作盘山路状，考虑汽车时坡度不大于15%，考虑自行车时坡度不大于8%，如果考虑人力三轮车，坡度更小，往往不大于3%。

人行坡度不小于10%时，要考虑设计台阶。园路和等高线斜交，来回曲折，增加观赏点和观赏面，未尝不是好事。

3.6 园路与绿化

与园路、广场有关的绿化形式包括中心绿岛、回车岛、行道树、花钵、花树坛、树阵和两侧绿化。

最好的绿化效果，应该是林荫夹道（见图5.36)。城市绿地则要多几种绿化形式，才能减少人为的破坏。在车行路，绿化的布置要符合行车视距、转弯半径等要求。特别是不要沿路边种植浓密树丛，以防人穿行时刹车不及。郊区大面积绿化，行道树可和两旁绿化种植结合在一起，自由进出，不拘间距灵活种植，实现路在林中走的意境，这不妨称之为夹景；一定距离在局部稍作浓密布置，形成阻隔，可称为障景，障景往往有“山重水复疑无路，柳暗花明又一村”的意境。

图5.36 林荫夹道

可以把“绿”引申到园路、广场，使硬制景观和软制景观相互交叉渗透，例如可以使用空心砌块，目前使用最多是植草砖（见图5.37)。还可在园路、广场中嵌入花钵、花树坛、树阵。

图5.37 植草砖

3.7 园路与侧石

■ 侧石的位置

园路是否放侧石可以根据具体情况而设定，主要应注意以下几点：

图5.38 路侧石

（1）看使用清扫机械是否需要有靠边。

（2）所使用砌块拼砌后，边缘是否整齐。

（3）侧石是否可起到加固园路边缘的目的。

（4）最重要的是园路两侧绿地是否高出路面，在绿化尚未成形时，需以侧石防止水土冲刷。

■ 侧石的设计

在需要放置侧石的地方，可设置侧石，图5.38为各种不同的侧石，侧石设计的功能和注意事项如下：

（1）路缘石的功能是确保行人安全，进行交通引导。保持水土，保护种植，区分路面铺装。

（2）路缘石可采用预制混凝土、砖、石料和合成树脂材料，高度为100～150mm为宜。

（3）区分路面的路缘，要求铺设高度整齐统一，局部可采用与路面材料相搭配的花砖或石料；绿地与混凝土路面、花砖路面、石路面交界处可不设路缘；与沥青路面交界处应设路缘。

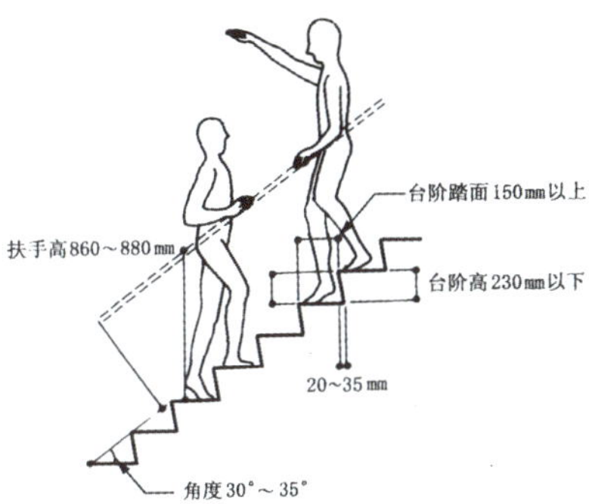

图5.39 台阶尺寸示意图

3.8 台阶、步石、汀步

■ 台阶

台阶是一种特殊的道路形式，一般当道路坡度达到15°时，要考虑设台阶，台阶的尺寸如图5.39所示。

■ 步石

图5.40 步石

步石是一种非连续的道路形式，一般主要设置在草坪上，所以也称草坪步石。步石的点状连续性犹如虚线一样，可以创造出更为轻松柔美的景观氛围，步石的形状可以有圆形、椭圆形、长方形、正方形等（见图5.40）。

■ 汀步

在水中设置的步石称为汀步，汀步可以保证游人平水而过，或站在汀步上欣赏水景。汀步的设置，使人与水的关系更为密切，满足了人的亲水性特点，同时由于点状的人工构筑物，同时丰富了水面的景观。汀步的形状也很多，但大体可以分为两种，一种是自然式的，另一种是人工规则形的（见图5.41）。

图5.41 汀步

4 水景

水是园林艺术中不可缺少也最富魅力的一种园林要素。古人称水为园林中的“血液”、“灵魂”。古今中外的园林，对于水体的运用非常重视。在各种风格的园林中，水体均有不可替代的作用。

4.1 水景分类

水景从其大的方面分，可分为静水和动水两种，水的静态具有平静、幽深、凝重、平远开阔的感受，水的动态则具有明快、活泼、多姿、形声兼备的特点。而动水的应用十分广泛，具有多种形式，根据水的自然状态，包括静水流水、落水和喷水四种。

图5.42 颐和园

图5.43 溪流水景

图5.44 街道边涉水溪流

■ 静水

静水在自然界中无处不在，如大海、湖水、静静的小溪。静水在景观中的应用主要表现在借助于河流、湖泊的开放性，形成气势磅礴的景观效应。平静的水池，能映照出天空和建筑物等，水中的景物，给人以亦真亦幻的感觉，利用水池的深度和水池的表面色调，营造出不同的景观。在国内水景的应用数不胜数，大水面的应用如颐和园中的昆明湖，烟波浩渺，视野开阔(见图5.42)；避暑山庄、拙政园等水面不刻意追求水面之大，而是用水陆相互迂回的方法，造成引人入胜的感觉。

■ 流水

流水是自然界带状的水面，它既有狭长曲折的形状，又有宽窄、高低的变化，还有深远的效果。流动的水具有活力和动感，给人一种欢快的心情。景观设计中，经常用小小的溪流在广场、居住区、校园营造一种生动活泼的气息(见图5.43)，同时水流动时发出的声响是大自然的天籁之声。因为大自然中有这样的美景，才有景观中的八音涧、玉琴峡，也体现了园林设计师法造化的思想。流水的运用还表现了山林野趣，在人们迫切希望回归自然、返璞归真的今天，把自然的充满活力的水引入人们的日常生活中，再用植物、山石等配置，渲染自然界的乐趣。

溪流的形态应根据环境条件、水量、流速、水深、水面宽和所用材料进行合理的设计。溪流分可涉入式和不可涉入式两种。

可涉入式溪流的水深应小于0.3m，以防止儿童溺水，同时水底应做防滑处理(见图5.44)。不可涉入式溪流宜种养适应当地气候条件的水生动植物，增强观赏性和趣味性。

■ 落水

● 瀑布

落水是从高处突然落下形成的，自然界中流水的主要形式为瀑布，如尼加拉瀑布、黄石国家森林公园的厄珀瀑布和托尔瀑布，中国的黄河壶口瀑布和贵州的黄果树瀑布等，适合于城市环境的瀑布多为人工瀑布。瀑布按其跌落形式分为滑落式、阶梯式、幕布式和丝带式等多种，并模仿自然景观，采用天然石材或仿石材设置瀑布的背景和引导水的流向（如景石、分流石、承瀑石等）。做法是用泵将水打上墙的顶部，而后水沿墙壁形成一连续的帘幕从上往下挂落，如波特兰市演讲堂前庭广场的瀑布设计(见图5.45)，混凝土组成的方形广场的上方，一连串的清澈水流从上层开始以激流涌出，从80ft宽，18ft高的峭壁上笔直泻下，汇聚到下方的水池中。考虑到观赏效果，不宜采用平整饰面的白色花岗石作为落水墙体。为了确保瀑布沿墙体、山体平稳滑落，应对落水口处山石作卷边处理，或对墙面作坡面处理。总之，在景观造景中，往往追求瀑身的变化，创造多姿多彩的水态，营造出一种“飞流直下三千尺，疑是银河落九天”的意境(见图5.46)。

图5.45 演讲堂前庭广场

图5.46 瀑布

瀑布因水量不同，会产生不同视觉、听觉效果，因此，落水口的水流量和落水高差的控制成为设计的关键参数，如果是在居住区内的人工瀑布，落差宜在1m以下。

● 叠水

水分层连续流出，或呈台阶状流出称为叠水。中国传统园林及风景区中，常有三叠泉、五叠泉的形式，外国园林如意大利的庄园，更是普遍利用山坡地，造成阶式的叠式。台阶有高有低，层次有多有少，构筑物的形式有规则式、自然式及其他形式，故能产生形式不同、水量不同、水声各异丰富多彩的叠水(见图5.47)。

图5.47 叠水

图5.48 水帘

● 水帘

水由高处直泻下来，由于水孔较细小、单薄，流下时仿若水的帘幕。水帘形式用于台阶、矮壁，则有如“水风琴”，如用于几何形水池、墙面或圆形雕塑物，往往显出一种宁静、闲适、雅致的环境(见图5.48)。

■ 喷水

喷水是指水从下而上的造景方式，主要包括天然喷泉和人工喷泉。世界著名的天然喷泉在美国的洛基山脉禁猎区的高地上，景色十分壮观。而能够大量使用的是人工喷泉，完全依靠喷泉设备造景。城市中设置的喷泉已十分先进、灵活多变，花样翻新，可大可小，可高可低。喷射出的水，大者如珠，小者如雾，随着喷泉构筑物的形式、大小及水压等而产生高低不同、水态各异，形式多样的喷泉，图5.49～图5.56表示不同喷水的类型，具体名称和特点如表5.1所示。

图5.49 壁泉

图5.50 涌泉

图5.51 旱地喷

图5.52 跳球喷泉

图5.53 雾化喷泉

图5.54 喷水盆

图5.55 小品喷泉

图5.56 组合喷泉

表5.1 喷泉景观的分类和特点

名　称	主要特点
壁　泉	由墙壁、石壁和玻璃板上喷出，顺流而下形成水帘和多股水流
涌　泉	水由下向上涌出，呈水柱状，高度为0.6~0.8m左右，可独立设置也可组成图案
间隙泉	模拟自然界的地质现象，每隔一段时间喷出水柱和气柱
旱地泉	将喷泉管道和喷头下沉到地面以下，喷水时水流回落到广场硬制铺装上，沿地面坡度排出，平时可作为休闲广场
跳　泉	射流非常光滑稳定，可以准确落在受水孔中，在计算机控制下，生成可变化长度和跳跃时间的水流
跳球喷泉	射流呈光滑的水球，水球大小和间歇时间可控制
雾化喷泉	由多组微孔喷管组成，水流通过微孔喷出，看似雾状，多呈柱形和球形
喷水盆	外观呈盆状，下有支柱，可分多级，出水系统简单，多独立设置
小品喷泉	从雕塑伤口中的器具和动物口中出水，形象有趣
组合喷泉	具有一定规模，配水形式多样，有层次，有气势，喷射高度高

4.2 自然水景构成要素

自然水景与海、河、江、湖、溪相关联。这类水景设计必须服从原有自然生态景观，自然水景与局部环境水体的空间关系，正确利用借景、对景等手法，充分发挥自然条件，形成纵向景观、横向景观和鸟瞰景观。应能融和景观内部和外部的景观元素，创造出新的亲水景观形态。水景的构成要素包含水体、沿水和驳岸等，如表5.2所示。

表5.2　　自然水景的构成元素

景观元素	内容
水体	水体流向、色彩、倒影、溪流和水源
沿水驳岸	沿水道路、沿岸建筑（码头、古建筑等）、沙滩和雕石
水上跨越结构	桥梁、栈桥和索道
水边山体树木（远景）	山岳、丘陵、峭壁和林木
水生动植物（近景）	水面浮生植物、水下植物和鱼鸟类
水面天光映衬	光线折射漫射、水雾和云彩

图5.57 普通石砌驳岸

■ 驳岸

驳岸是亲水景观中应重点处理的部位。驳岸与水线形成的连续景观线是否能与环境相协调，不但取决于驳岸与水面间的高差关系，还取决于驳岸的类型及用材的选择（见图5.57）。

驳岸的高度，水的深浅设计都应满足人的亲水性要求，驳岸（池岸）应尽可能贴近水面，以人手能触摸到水为最佳。亲水环境中的其他设施（如水上平台、汀步、栈桥和栏索等），也应以人与水体的尺度关系为基准进行设计。

■ 景观桥

桥在自然水景和人工水景中都起到不可缺少的景观作用，其功能作用主要有形成交通跨越点；横向分割河流和水面空间；形成地区标志物和视线集合点；眺望河流和水面的良好观景场所，其独特的造型具有自身的艺术价值(见图5.58)。

图5.58 景观桥

■ 木栈道

邻水木栈道为人们提供了行走、休息、观景和交流的多功能场所。由于木板材料具有一定的弹性和粗朴的质感，因此行走其上比一般石铺砖砌的栈道更为舒适(见图5.59)。木栈道由表面平铺的面板（或密集排列的木条）和木方架空层两部分组成。

4.3 庭院水景

庭院水景通常以人工化水景为多。根据庭院空间的不同，采取多种手法进行引水造景（如叠水、溪流、瀑布和涉水池等)，在场地中有自然水体的景观要保留利用，进行综合设计，使自然水景与人工水景融为一体。

图5.59 木栈道

■ 生态水池

生态水池是适于水下动植物生长，又能美化环境、调节小气候供人观赏的水景。在居住区里的生态水池多饲养观赏鱼虫和习水性植物（如鱼草、芦苇、荷花、莲花等)，营造动物和植物互生互养的生态环境(见图5.60)。

水池的深度应根据饲养鱼的种类、数量和水草在水下生存的深度而确定，一般为0.3～1.5m。不足0.3m的浅水池，池底可做艺术处理，显示水的清澈透明。池底与池畔宜设隔水层，池底隔水层上覆盖0.3～0.5m厚土，种植水草。

图5.60 生态水池

■ 涉水池

涉水池可分水面下涉水和水面上涉水两种。水面下涉水主要用于儿童嬉水，其深度不得超过0.3m，池底必须进行防滑处理，不能种植苔藻类植物(见图5.61)。水面上涉水主要用于跨越水面，应设置安全可靠的踏步平台和踏步石（汀步），面积不小于0.4m×0.4m，并满足连续跨越的要求。上述两种涉水方式应设水质过滤装置，保持水的清洁，以防儿童误饮池水。

图5.61 儿童涉水池

■ 泳池水景

泳池水景主要是应用于居住区和小庭园的景观中，如图5.62所示，这里以居住区的泳池水景介绍为主。泳池水景以静为主，目的是营造一个让居住者能在心理和体能上放松的环境，同时突出人的参与性特征（如游泳池、水上乐园和海滨浴场等）。居住区内设置的露天泳池不仅是锻炼身体和游乐的场所，也是邻里之间的重要交往场所。泳池的造型和水面也极具观赏价值。

图5.62 泳池水景

■ 倒影池

光和水的互相作用是水景景观的精华所在，倒影池就是利用光影在水面形成的倒影，其目的为扩大视觉空间，丰富景物的空间层次，增加景观的美感，如图5.63所示。倒影池极具装饰性，可做得十分精致，无论水池大小都能产生特殊的借景效果，花草、树木、小品、岩石前都可设置倒影池。

图5.63 倒影池

倒影池的设计首先要保证池水一直处于平静状态，尽可能避免风的干扰。其次是池底要采用黑色和深绿色材料铺装（如黑色塑料、沥青胶泥、黑色面砖等），以增强水的镜面效果。

4.4 水景的发展趋势

水景的发展趋势主要体现在以下几方面：

(1) 景观用水应遵循节水原则及生态设计。

(2) 充分体现亲水性设计理念。

(3) 充分利用高科技在水景建设中的作用。

5 植物

在景观设计中植物占有重要的地位，植物不仅可以维持生态平衡并且具备美化环境的作用，在大多数园林绿地的设计中，应以植物为主，以小品为辅。植物的选择和配置要具有科学性和艺术性。合格的景观设计师必须了解植物的特性功能及形式美法则。

5.1 植物的美学特征

■ 植物的形态美

变化多样的植物外形是植物造景中的一个重要元素，在植物景观中可以依靠植物天然的基本形态来塑造，用各种艺术形式来表现，使景观丰富多彩、生动而富有魅力，在植物中木本植物的外形变化较多，构成空间和形成各种氛围多用树木，概括地总结千姿百态的植物，大致可以归纳出如下一些基本形态。

● 尖塔形、圆锥形

尖塔形、圆锥形多用在规则式园林或纪念性区域；规则式应用时多形成庄严、肃穆的气氛，与阔叶树搭配时则可形成起伏多变的天际线，如雪松、金钱松、冷杉、云杉、幼龄的松树和柏树（见图5.64）。

● 圆柱形

圆柱形具有向上的方向感，列植形成夹景，或与其他形状的树木配植形成多变的林冠线，如落羽杉、木麻黄和钻天杨（见图5.65）。

● 圆球形

圆球形规划式种植时也可形成整齐、规则的形态，有着较严肃的气氛，但较尖塔、圆锥形形成的气氛要活跃一些，多在入口、花坛、草地、角隅等处布置，如海桐、小叶黄杨（见图5.66）。

图5.64 桧柏（尖塔形）

图5.65 长叶暗罗（圆柱形）

图5.66 小叶黄杨（圆球形）

● 伞形

伞形分支点较高，枝下可活动，外形活泼，多在草坪、广场、建筑物前应用，或作行道树。如合欢、龙爪槐、棕榈科植物、老龄的松树和柏树（见图5.67）。

● 垂枝形

垂枝形如垂柳，形态轻盈、优雅活泼，再加上良好的耐水性，适合在水边、草地上种植（见图5.68）。

● 拱枝形

拱枝形枝条长而略下垂，可形成拱券式或瀑布式的景观。如迎春花在地上或建筑物顶端任其下垂（见图5.69）。

● 钟形

钟形，也称孵形，大多数树木为此类，外形雄伟、浑厚、朴实。多形成实的空间，其中不乏有秋色叶特性的种类，可用于风景林、行道树、庭荫树（见图5.70）。

图5.67 龙爪槐（伞形）

图5.68 垂柳（垂枝形）

图5.69 边坡藤蔓景观（拱枝形）

图5.70 鹅掌楸（钟形）

● 匍匐形

匍匐形枝干直立，匍匐在地面，多用作地被，如铺地柏、爬地柏、爬行卫矛、平枝旬子（见图5.71）。

图5.75 爬地柏

图5.72 凌霄

● 藤本

藤本类无直立性，需借用其他物体支撑，如花架、门廊、栏杆、枯树、山石、墙面等，形成空间多层次景观，如紫藤、葡萄、金银花、凌霄和络石等（见图5.72）。

树木的形态大致有以下视觉特征：一般针叶树的针叶结构比较紧密，体积感强，色彩一般偏灰绿色，给人严肃、庄重的感觉；常绿阔叶树一般树冠大、枝叶密集，枝叶结构紧凑，叶片较厚，色彩偏浓绿的多，因此视觉上偏重于稳重厚实感；落叶树一般以自由形态为多，色彩偏明亮的绿，到秋天则变为暖色系，因此落叶树给人动感的、变化的、随和的、自然的视觉特点和心理感受。

图5.73 形状是影响植物造景的因素之一

植物的形状在景观的营造中具有很强的表达能力（见图5.73），形状之间可以是和谐的，也可以是相异的，但醒目的对比和多

图5.74 突变的造型形成视觉焦点

种形状的混合容易产生不协调的感觉。如果要突出植物的形状在造景中的地位，可以通过植物群植，植物群落的重复，突出植物的层次感来达到预期的效果。

如果把形状差异较大的植物放置在一起，例如把一个圆锥形的植物放在一群球形植物当中，就会将人的视线直接吸引过去，效果很突出（见图5.74），但也要注意整体的和谐，尤其不能对建筑形成喧宾夺主的效果。要取得群集形状及线条的和谐，形状上应有一些重复，重复会形成节奏感，以一种相似形状与线条结合贯穿于园林设计中，这样就把整个设计整合起来（见图5.75）。

图5.75 各种形状植物配置形成丰富的天际线

■ 植物的色彩美

色彩在视觉领域中最具有表现力和感染力，在景观的色彩运用中，植物的色彩是造景的最重要的部分，原因是植物的色彩是极其丰富的，植物的花、果、叶、枝、树皮是植物色彩的源泉。一般来说，树叶色彩是主要的、有大面积效果的。对落叶树来说，树干的色彩在冬季便成了重要的因素。植物的色彩能吸引注意力，影响情绪，创造气氛，在一个作品中展现出特定的效果。花色和果色有季节性，持续时间短，只能作为点缀不能作为基本的设计要素来考虑。

在植物景观设计中基本要用到两种色彩类型。一是背景色或者称为基本色，起柔化剂的作用以调和景色，它在整个结构中应当是一致的，色彩均匀的、悦目的；二是重点色，用于突出作品的某种特质。植物色彩配置一般情况下主要包括以下几种。

● 单色配置

单色配置是指在同一颜色之中，浓淡明暗相互配合，不同明度和饱和度的同一色相的色彩进行配置，这种方式易取得统一、和谐的效果，并且能使人的注意力集中于设计的细节与精细上，种植的构成和韵律得到强调，植物的结构和叶、枝、花等更易于引起人的注意，整体效果和谐。但单色配置必须改变明度、饱和度来进行组合，打破单调，提升表现肌理，同时植物选择在形状、排列、光泽、质感上也应加以变化，增加趣味（见图5.76）。

● 近似色配置

近似色是指使用色轮上相邻或相近的两至三种颜色进行组合。近似色有相当强的共同调和关系，又有比较大的差异，可以在统一中有变化，易取得比较和谐的色彩效果，因此使用较多。如果加上明度和饱和度的变化，更可以营造出各种各样的调和状态（见图5.77）。

● 对比色配置

对比色配置是集中两种在色轮相差180°的色彩之间的组合。对比色的配色平常被用的很多，因为可以得到现代、活泼的效果（见图5.78）。但需要避免过多激烈的对比出现，以免引起人的视觉疲劳，需要在形状、色的明暗深浅上谨慎地选择，使植物在色彩或质感，或结构上既有共同点的存在，也有对比的存在。在一个相似色的配置中，加入对比色，能有效地吸引视线，并造成停留，从而形成焦点景观

图5.76 单色配置

图5.77 近似色配置

图5.78 对比色配置

● 混色配置

混色配置包含了多种色彩，只是量都不大，这种情况通常出现在空间有限而又不愿拘泥于色彩的限制（见图5.79），处理不好可能造成杂乱喧嚣的结果。

图5.79 混色配置

图5.80 不同的色彩带来不同的质感效果

图5.81 白桦树不同观看距离产生的质感效果

另外，植物的色彩设计要遵循色彩学的一般原理，例如色彩心理学。因此在设计中，应注意以下的原则：明亮的色彩有兴奋和刺激的作用，人有倾向于明亮色彩的心理趋势；柔和或者冷的色调有助于使人平静或放松。

■ 植物的质感

质感可被定义为物质表面的触觉和视觉特征，它取决于植物组成单元的形态、尺寸和总体。植物质感尽管常常被忽视或不当回事，但它对于一个种植设计作品来说却是能增加尺度、变化、趣味的设计工具。

种植设计中，质感是由树叶、细枝、枝干的排列和尺寸建立起来的，它可以从以下几个方面来描述：粗糙和细腻、毛糙和光滑、重和轻、厚和薄，并随着一年的季节而变化。冬天落叶树的质感决定于枝干的尺寸、数量和位置。当树叶长满树的时候，它的质感主要取决于树叶的大小、形状、数量和排列，同时植物的色彩也会影响质感季节性的变化（见图5.80）。所以设计者要有预见性，要在变化中求稳定，从而影响其配置要求。

树木（植物）的质感依植物被看到的距离远近（视觉）而不同。近看时的质感是指枝叶的大小、枝叶所占据的空间、树干的表皮、叶的开合及叶面的质感、叶柄长度和硬度所产生的效果，如毛白杨的皮孔，香樟树皮的裂纹，泡桐叶的粗糙，柠檬桉光滑的树皮，乌桕、垂柳的纤细叶等；远看时质感细节消失，只能凭感觉对整株树木或树丛的高度和阴影所产生的效果，从远处识别（见图5.81）。

质感细的有后退感觉，恰当地布置于某些背景中，可明显增大空间范围，亦或近距离孤植、丛植、林植欣赏，如垂柳、马褂木、青桐、鸡爪槭、南天竹、棣棠等枝叶精美而轻盈，呈现出精细的外表，完整光洁的表面，使建筑群的粗糙线条变得柔和、协调（见图5.82）。

图5.82 细碎的质感形成柔和通透的色彩感受

质感粗的与粗重的材料协调，即使从远处看去仍很醒目，不过有缩小区域面积的倾向，可与外观处理细腻的建筑物或小品搭配，如枇杷、栓皮栎、麻栎。

质感相反的植物种植组合会产生很强的吸引力，如粗与细、大与小、宽叶与披针等。而作用最明显的应是观赏草，它们纤细的叶片，丛生的株形，往往与其他植物形成强烈的对比，从而产生明显的质感对比（见图5.83）。

图5.83 不同质感的对比

5.2 植物的配置原则

■ 按照植物的生态要求来配置

各种园林植物在生长发育过程中，对光照、土壤、水分、温度等环境因子都有不同的要求。顺应自然，掌握自然植物群落的形成和发育，其种类、结构、层次和外貌等是搞好植物造景的基础。

要满足园林植物的生态要求，一是要适地适树，即根据园林绿地的生态环境条件，选择与之相适应的植物种类，使植物本身的生态习性与栽植地点的环境条件基本一致，做到因地制宜、适地适树；二是要合理结构，包括水平方向上合理的种植密度(即种植点的配置)和垂直方向上适宜的混交类型(即结构的成层性)。平面上种植点的配置，一般应根据成年树木的冠幅来确定种植点的株行距；但也要注意近期效果和远期效果相结合。竖向上应考虑植物的生物学特性，注意将喜光与耐阴，深根系与浅根系，速生与慢生，乔木与灌木等不同类型的植物相互搭配，在满足植物生态条件下创造稳定的复层绿化效果。

■ 符合景观的功能性质要求

运用植物造景时应充分体现整个园林设计的意图，与建筑、山石、水体、园路进

图5.84 韩国奥林匹克大门

图5.85 香港动植物公园入口

行搭配时更应考虑与其协调性。在园林植物配置时，首先应从园林绿地的性质和功能来考虑。例如公园出入口的绿化设计，主要根据出入口的特点分为两类，一类是出入口内外有较开阔的空间，园门建筑比较现代、高大，这时可采用花坛、花镜、花钵、灌丛为主，以突出园门的高大和华丽，如韩国奥林匹克大门（见图5.84）；另一类出入口的内外空间较为狭小，园门的建筑风格多为仿古式建筑。这类出入口的景观营造以高大的乔木为主，配以美丽的观花、观叶灌木或草花，以营造一个较幽密优雅的小环境，如香港动植物园入口处，指示牌树立于色彩变化的林丛边沿，带给游人清新、幽静之感（见图5.85）。在确定整体功能性质前提下，就某一绿地而言，则有其具体的主要功能，要考虑建筑与周围景物的配合，例如植物与建筑的配植，需用植物衬托、软化其生硬的轮廓，因植物的变化和树体的变化而产生活力，主景仍然是建筑，配植植物不可喧宾夺主，而应恰到好处。在水边配植时宜加强水面的宁静效果，创造更为幽静、含蓄的气氛。园路两边的植物可强化园路的作用。

■ 体现景观植物艺术美感的配置原则

● 多样统一的原则

多样统一是形式美的基本法则。为形成丰富多彩而又不失统一的效果，园林布局多采用分区的办法。在植物选择时，全园应有一两种植物作为基调植物，使之广泛分布于整个园林绿地；同时，还应视不同分区，选择各自的主调植物，以造成不同分区的不同风景主题。如杭州花港观鱼公园，按景色分为5个景区，在植物选择时，牡丹园景区以牡丹为主调，杜鹃等为配调；鱼池景区以海棠、樱花为主调（见图5.86）；大草坪景区以合欢、雪松为主调（见图5.87）；花港景区以紫薇、红枫为主调（见图5.88）；而全园又以广泛分布着的广玉兰为基调植物。这样全园因各景区主调植物不同而丰富多彩，又因基调植物一致而协调统一。

● 体现季相美的原则

植物是景观中具有生命活力的构成要素，随着植物物候的变化，其色彩、形态、

图5.86 鱼池景区

图5.87 大草坪景区

图5.88 花港景区

生气表现各异，从而引起园林风景的季相变化。植物随季节变化的丰富色彩正是植物所具有的独特魅力。因此，在植物配置时，要充分利用植物物候的变化，通过合理布局，组成富有四季特色的园林艺术景观。设计时可采用分区或分段配置，以突出某一季节的植物景观，形成季相特色。如春花、夏荫、秋色、冬姿等。在主要景区或重点地段，应做到四季有景可赏；在以某一季节景观为主的区域，也应考虑配置其他季节植物，以避免一季过后景色单调或无景可赏。例如加拿大的布茶花园，在植物种植和配置的过程中，充分考虑了植物的季相特征，因此使得花园四季都有景可赏（见图5.89～图5.91）。

图5.89 春季低洼公园

图5.90 夏季低洼公园

图5.91 秋季日本公园

● 注重体现植物的特征美

植物都具有其独特的审美价值，例如上面介绍的植物的形状、色彩和质感都是植物配置中所应考虑的主要审美价值，同时植物的个性美往往能体现其特有的观赏价值。主要可分为以下几个范围：花的观赏、叶的观赏、树皮的观赏、果实的观赏、色彩的观赏、树姿的观赏等，另外还有些植物具备闻香、听声的特点，不同的植物可以使五官获得不同的感受，因此可合理地予以配置，以达到满足不同感官欣赏的需要。

● 注重发挥植物造景的功能作用

在所有景观种植中都要考虑气候控制：植物有阻挡冬季冷风，疏导微风，缓和太阳热度，以及其他改善小气候的作用。设置植物屏障来遮挡不雅景观，消除强光，降低噪音。另外可以弥补地形形态，例如希望突出地形的特点时，可以在地形起伏的高点种植高大的乔木，在地形凹入的地方种植低矮的地被和灌木等，这样就可以强化地形的起伏变化。

■ 利用植物构成空间

● 封闭空间

植物的叶丛疏密度和树枝高度影响着空间的闭合感。阔叶或针叶越浓密，体积越大，其围合感越强烈。落叶树则可能随季节而变化，夏季闭合，冬季则可能视线开敞，常绿树则形成周年稳定的封闭效果（见图5.92）。

图5.92 围合空间

● 分割空间

树木排列栽植成绿篱，与空间垂直的树木自然起了分割空间的作用，同时由于绿篱的高度不同，形成的分割空间的私密性不同。例如高度在人视高160cm以上，可阻挡人们的视线为绿墙，被分割的空间具有私密性；高度在120～160cm之间，人的视线可通过但不能跨越；主要类型目的以划分空间为主，同时被分割空间与其他空间有一定联系；高度在50～120cm之间，一般为最常用的绿篱类型，可作为交通的分割带；高度在50cm以下，人可轻易跨越，具有导向性作用（见图5.93）。

● 覆盖空间

利用具有浓密树冠的遮荫树构成一顶部覆盖而四周开敞的空间。一般来说，该空

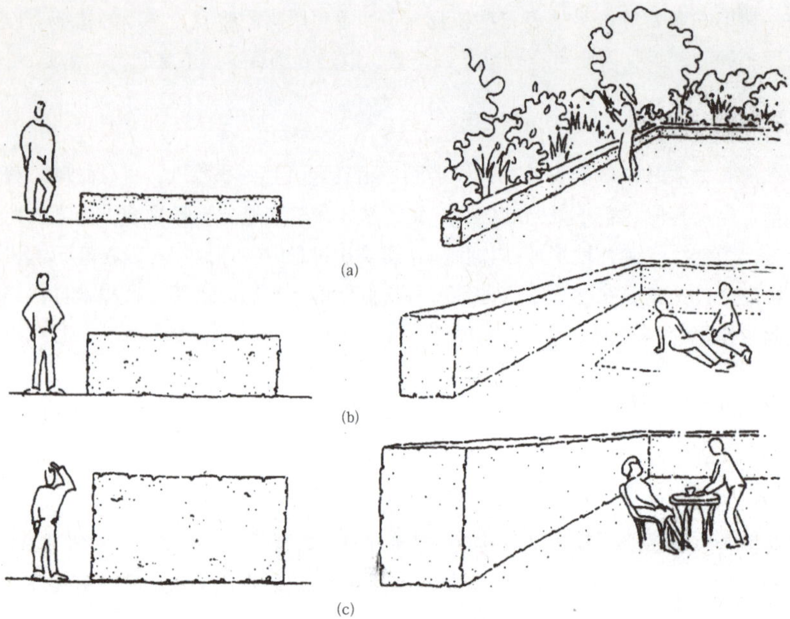

图5.93 树篱的高度决定了其使用功能

(a)齐膝高的绿篱给人以方向感，并形成花坛绿地的界定和围束；(b)齐腰高的绿篱能分隔通道空间，但不能阻挡视线；(c)与人等高或以上的绿篱能创建完全私密的空间

间为夹在树冠和地面之间的宽阔空间，人们穿行或站立于树干之中，利用覆盖空间的高度，能形成垂直尺度的强烈感觉（见图5.94）。

图5.94 覆盖空间

街道（步行道）“隧道式”空间，由道路两旁的行道树交冠遮荫形成，这种布置增强了道路直线前进的运动感。

● 开敞空间

仅用低矮灌木及地被植物作为空间的限制因素。这种空间四周开敞、外向、无隐秘性，并完全暴露于天空和阳光之下，如草坪、灌木丛、月季园(见图5.95)。

图5.95 开敞空间

图5.96 半开敞空间

图5.97 孤植

● 半开敞空间

一面或多面部分受到较高植物的封闭，限制了视线的穿透，如草坪边缘的群落(见图5.96)。

5.3 植物的配置方式

■ 孤植

孤植是指单株乔木孤立种植的配置方式（见图5.97)。孤植树下不得配置灌木。孤植树作为局部空间的主景，供人观赏；还可起庇荫作用，供人休息、眺览。宜选择树冠开张，体形雄浑；生长健壮、寿命较长、不含毒素、没有污染、具有一定观赏价值的树种。如雪松、黄山松、金钱松、香樟、榕树、鹅掌楸、鸡爪槭、垂柳、樱花、梅花、桂花、银杏、合欢、枫香、重阳木和七叶树等。但在具体选择上应充分考虑当地的地理条件和具体要求。

孤植树种植的位置，总的来讲，要求比较开阔，作为局部构图主景的孤植树，应安排合适的观赏视距和观赏点，使人们有足够的活动场地和适宜的观赏位置。在配置孤植树时，必须充分考虑孤植树与周围环境的关系，要求体形与其环境相协调，色彩与其环境有一定差异。

■ 对植

对植是指两株树按照一定的轴线关系对称或均衡种植的配置方式（见图5.98)。主要用于强调公园、建筑、道路、广场的入口，用作进口栽植和诱导栽植。在园林构图中始终作为配景，起陪衬和烘托主景的作用，如利用树木分支状态或适当加以培育，形成相依或交冠的景框，构成框景。

图5.98 对植

■ 列植

图5.99 列植

列植是指树木按一定的株行距成行成列地栽植的配置方式（见图5.99）。列植形成的景观比较整齐、单纯、气势；列植与道路配合，可构成夹景。列植多运用于规则式种植环境中，如道路、建筑、矩形广场、水池等附近。列植具有施工、管理方便的优点。栽植形式有等行等距和等行不等距两种基本形式。栽植间距取决于树木成年冠幅大小、苗木规格和园林主要用途，如景观、活动等。一般乔木采用3～8m，灌木为1～3m。

■ 丛植

丛植通常是指由2株到十几株树木组合种植的配置方式，图5.100为丛植的配置示意图。丛植所形成的种植类型是树丛。树丛的组合，主要表现的是树木的群体美，但也要在统一构图中考虑表现单株的个体美，所以选择作为组成树丛的单株树木的条件与孤植树相似，即必须挑选在庇荫、姿态、色彩、芳香等方面有特殊观赏价值的树木（见图5.101）。

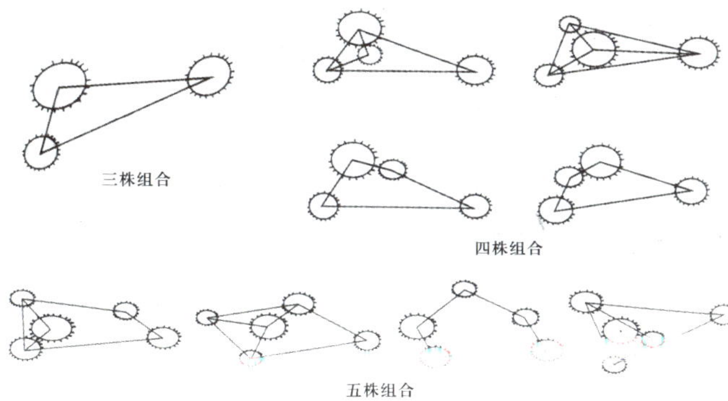

图5.100 丛植配置平面图例

图5.101 树丛

树丛在组成上有单纯树丛和混交树丛两种类型。树丛配置的要领包括：①满足植物生态要求，构成相对稳定的植物群落；②平面布置要疏密有致，立面构图要参差错落；③树丛各植株个体之间在形态、色彩上要协调一致，同时要有差异，以体现变化统一的原则；④树丛四周要相对开阔，留有适宜的观赏视距。

■ 群植

群植通常是指由20~30株树木混合成群种植的配置方式。群植所形成的种植类型称为树群。树群和树丛相比，除组成树群的单株数量较多外，更主要的不同点是树群并不把每1株树的全部个体美表现出来，在林冠的树木可只表现其树冠部分的美，林缘的树木可只表现其外缘部分的美，树种选择对单株的要求也没有树丛那样严格，它主要是表现植物的群体美，并以此构成园林局部空间的主景。

■ 林植

园林中以大量树木进行栽植的配置方式，称为林植（见图5.102）。林植所形成的种植类型称为树林，又称风景林。树林多用于大面积公园的安静休息区、风景游览区或疗养区及卫生防护林带等。树林按种植密度可分为密林和疏林，按林种组成又可分为纯林和混交林。

图5.102 疏林草地

■ 篱植

篱植是指由灌木或小乔木以相同的株、行距，单行或双行种植形成紧密绿带的配置方式。篱植所形成的种植类型为绿篱，又称篱植（见图5.103）。

(a)

(b)

(c)

图5.103 各种篱植

（a）蔓藤；（b）花篱；（c）彩叶篱

造景作用主要包括：①围护防范，作为园林的界墙，不让人们任意通行，起围护防范作用，多采用高绿篱、刺篱；②模纹装饰，作为花镜的“镶边”、花坛和观赏性草坪的图案花纹，起构图装饰作用，多采用矮绿篱；③组织空间，用于功能分区、屏障视线，起组织和分割空间作用；④组织游人的游览路线，起导游作用，多采用中、高绿篱；⑤障丑显美，作为绿化屏障，掩蔽不雅观之处，或作建筑物的基础栽植，修饰下脚等，多采用中、高绿篱。

■ 花坛

花坛是指在具有一定几何形轮廓植床内，种植各种不同色彩的观赏植物，以构成

图5.104 花丛花坛

图5.105 模纹花坛

华丽色彩或精美图案的一种花卉种植类型。花坛主要是通过色彩或图案来表现植物的群体美，而不是植株的个体美。花坛具有装饰特性，在园林造景中，常作为主景或配景。

● 花坛的主要类型

花坛可以根据表现主题不同分为花丛花坛、模纹花坛和混合花坛。

（1）花丛花坛又称盛花花坛，以花卉群体色彩美为表现主题，多选择开花繁茂、色彩鲜艳、花期一致的一两年生或球根花卉，含苞欲放时带土或倒盆栽植（见图5.104）。

（2）模纹花坛又称图案式花坛（见图5.105），常采用不同色彩的观叶植物或花叶兼美的观赏植物，配置成各种精美的图案纹样，以突出表现花坛群体的图案美。

（3）混合花坛，是花丛花坛与模纹花坛的混合形式，兼有华丽的色彩和精美的图案。

■ 花境

花境是在长形带状具有规则轮廓的种植床内采用自然式种植方式配置观赏植物的一种花卉种植类型（见图5.106）。花境平面外形轮廓与带状花坛相似，而花境内部的植物配置则完全采用自然式种植方式，兼有规则式和自然式布局的特点，是园林构图中从规则式向自然式过渡的半自然式(混合式)的种植形式。它主要表现观赏植物本身特有的自然美，以及观赏植物自然组合的群体美。在园林造景中，花境既可作主景，也可为配景。花境常采用花期较长，花叶兼美，花朵花序呈垂直分布的耐寒多年生花卉和灌木。如玉簪、鸢尾、蜀葵、宿根飞燕草等。

图5.106 花境

■ 花丛

花丛是指3株到十几株花卉采取自然式种植方式配置的一种花卉种植类型（见图5.107）。组成花丛的花卉可以是同一种类，也可以为不同种类混交；但同一花丛内花卉种类不宜过多，形态和色彩要有变化，各种花卉以块状混交为主。

在植物选择上，因花丛管理较粗放，故通常以多年生宿根花卉为主。如萱草、鸢尾、芍药、玉簪等。也可采用能自播繁衍的1～2年生花卉。在配置方式上，其平面轮廓到立面构图均为自然式，应疏密相间，断续变化。花丛可布置在树林边缘，自然式道路两旁等地，也可用以点缀草坪、岩石园等。

图5.107 花丛

■ 草坪

● 造景特性

园林中通常所说的草坪，是指由绿色禾本科多年生草本植物组成的，如绿毯覆盖一样的，并经常修剪和适度滚压的绿地。草坪除具有环境保护作用外，在园林中还有两项独特的功能：一是由柔软的禾草铺就的绿色地毯，为人们提供了一个最理想的户外游憩活动场地；二是简洁而单纯色调的草坪，作为园林艺术构图的底色和基调，使丰富多彩的园林景物得以协调和统一。在园林造景中，还常常利用草坪扩大园林空间，拓宽景观视域，以满足现代人寻求开敞空间的需要。因此，在现代园林中，草坪越来越受到人们的青睐。

● 主要类型

根据草坪使用功能不同可分为：①游憩草坪，供人们坐卧、散步、游戏及户外活动等；②观赏草坪，专供人们观赏之用，不允许游人入内游憩或践踏；③体育草坪，供人们从事体育活动用的草坪，如足球场、网球场、高尔夫球场草坪等。以上草坪中草的高度一般控制在7cm左右，所以平常需要推剪。另外还有牧草地、飞机场草坪、林中草地和护坡草地等。

第2篇 设计分析

Design Analysis

第6章　小庭园景观设计及其实例分析

1 小庭园景观设计

小庭园设计主要指私家院落的设计，或者说是一幢独栋居住建筑的庭园设计，本章就把它定位于小型私家庭园设计。私家小庭园需要庇护和隐秘，它既要培育亲情、接待亲朋好友；又要借助良好环境培养旺盛精力和陶冶赋予生活乐趣的情操，小庭园面积不可能很大，要在有限的空间内展现无限生机，让周围环抱的植物、山水只需少量的管理，却能一年四季为主人带来无限乐趣，这就是小庭园设计工作的出发点和归宿。

1.1 小庭园设计原则

■ 简单原则

由于庭园面积较小，所以应以简单原则为主，切忌多而杂乱，保持庭园构成要素简单，互相联系起来成为统一而简洁的整体，组织好庭园的构思和要素，设计清晰、主题明确、色彩平和、材料简洁、铺装统一。如图6.1所示，庭院面积很小，以水景为主要景观，植物围绕水景布置，在建筑与水池之间设置木制平台形成亲水平台和户外休憩空间。通过分析可以看出这个小庭院以水景为主题，特色明显，各种造景元素简洁、统一，给人自然亲切的感觉。

■ 功能原则

形式要服从功能对庭院设计而言是至关重要的，一个不能满足园主使用需要的庭院，肯定是很差的庭院。园主对庭院的要求不同，因此不同的庭院功能也不同，例如，有儿童的家庭要求把庭院作为儿童的活动场地时，在庭院的设计中要首先考虑满足可供儿童游戏的空间和特色。

图6.1 以水面为主的简单统一的小庭院

■ 统一原则

庭园的任何硬制要素都要与住宅建筑协调；庭园植物要素关键是协调色彩，有时应考虑与园外植物的协调，

图6.2 大树与抬高的地面平衡

图6.3 木制花架成为庭院焦点

同时不同分区中不同植物的相同形状要统一起来。

■ 平衡原则

平衡可以给小庭园创造平和稳定的空间效果，在小庭院中一般采取不对称的平衡方式来进行设计，例如一侧设置一个花架，则另一侧可种植一群小树木来平衡。另如在不同标高的庭园中，可在低矮的地方种植一棵高大的树木，与高地上的小树相平衡等（见图6.2）。

■ 尺度宜人、比例协调的原则

尺度适当对庭院设计很重要，例如庭院中的花架、亭子等构筑物的大小要与庭院的面积相协调，道路的宽度也要考虑庭院的大小，铺装面积和块材要与庭院尺度匹配。

■ 趣味性原则

庭院的设计目的，就是提供趣味和享受，而趣味的确定，在某种程度上依赖观赏者的视觉。没有焦点或使人感兴趣的要素，不管庭院多么平衡，也会显得毫无趣味。在很小的庭院中，格架屏障（见图6.3），仔细布置的景物，对某些角落的植物进行屏蔽都可营造神秘感，引起人们进行探究的欲望，并吸引人们去欣赏不同的景点。

■ 经济的原则

设计的过程中应考虑投资，要想到现阶段设计的目标和长期的发展空间，要减少施工过程中不必要的浪费和减少长期使用的维护费用，尽可能减少业主的经济支出。

一些难以生长的苗木不仅要不断死亡，苗木种植过多，还可能增加长期养护负担。设计时要考虑增加一些低养护成本的植物，如花墙植物，地被植物，灌木状植物都是低养护植物，此外适当增加一些硬质铺装，也会降低长期维护费用。

1.2 小庭园设计步骤

■ 根据园主确定庭院设计基础

首先确定谁是庭园的主人？他的职业和业余爱好是什么？他需要一个什么样的庭园？他对庭园有哪些要求和期望？在和园主人沟通后确定庭园的功能及风格。例如澳大利亚昆士兰布里斯班的艺术家花园（见图6.4），其园主是一位对设计有着浓厚兴趣的抽象艺术家，对新意念和新方法持开放态度，因此庭院主景是一个抽象艺术雕塑，这个庭园的特点主要是从视觉艺术出发进行设计，而没有较多的实用性，这种设计的特点是与园主的职业和爱好紧密相关的。

图6.4 艺术家花园

不管主人的参与愿望是否强烈，设计师既要用专业的水准引导客户科学消费，又要尽可能地给客户提供参与自己庭园创作的快乐。减少施工过程中不必要的浪费和长期使用的维护费用，尽可能减少业主的经济支出。

图6.5 海边的小庭院

■ 调查环境

小庭园面积有大有小，其形状差异甚大，至于环境，有的临山，有的临水，有的临街；有的周边有高大建筑，有的周边又是一片乔木或绿化带，庭园规划一定要先从了解环境、利用环境做起。图6.5是一个海滨花园的景观局部，设计师在面对大海最好的视角设置了一观赏平台和坐椅，其前方没有种植任何高大的植物以便形成开阔的视野。

■ 勘测场地和绘制平面图

要了解周边环境，要测量出尺寸，然后给出草图，或按比例做出初稿；有时不仅要有草图，还可能需要有空间感的效果图。

■ 利用和设计地形及确定道路及铺装

有的庭园原来就是一块坡地，要充分利用它，以创造更接近自然的景观。有时，人们喜欢把一块平地做成起伏，以改变其死板。

图6.6 园路

道路像庭园内的血脉，它既是交通的需要，又是游园的路径，一切景观都要围绕着它来布置。别墅庭园中的园路主要应突出窄、幽、雅。窄是庭园园路的主要特点（见图6.6）。

图6.7 汀步和碎石形成的园路

路面的铺装和组拼更是重要的，不同质感，以及规则与不规则的材料，不同的铺砌方式，运用别出心裁的设计将会创造出极为丰富的意境，并带来神奇的艺术效果（见图6.7）。

■ 植物配置

对于许多庭园来说，植物就是庭园，庭园必须有植物，庭园是种植的艺术。植物给庭园带来色彩、情趣和活力。特别是一些小庭园，植物的配置决定设计的成败。一般来讲，庭院里的植物种类不要太多，应以一两种植物作为主景植物，再选种一两种植物作为搭配。植物的选择要与整体庭院风格相配，植物的层次要清楚、形式简洁而美观。常绿植物比较适合北方地区。

别墅中经常用柔质的植物材料来软化生硬的几何式建筑形体，如基础栽植、墙角种植、墙壁绿化等形式。一般在庭院中需要荫凉或是需要界定庭院空间，或是在空间过渡或转折地方强调空间、视线开阔的别墅附近（见图6.8），要选干高枝粗、树冠开展的树种；在靠近建筑边界尤其是南向窗边则多选栽一些枝态轻盈、叶小而致密的树种（见图6.9）。园林植物与山石相配，能表现出地势起伏、野趣横生的自然韵味，与水体相配则能形成倒

图6.8 大树限定庭院边界及形成庭荫空间

图6.9 建筑周围选择叶小而致密的树种

影或遮蔽水源，造成深远的感觉。

■ 庭院小品

在庭园景观中的小品是指假山、凉亭、花架、雕塑、桌凳（见图6.10）等各种在庭园中可摆设的物品。一般这些小品体量都很小，但在庭园中能起到画龙点睛的效果。木材在别墅庭院中可以说是也起着重要的作用，如制作户外家具、花槽、花架、秋千椅、围栏等，无论用在庭院中的任何角落，它都会创造出一种温馨、舒适、自然、和谐的氛围（见图6.11），满足人们回归自然的迫切渴望。

图6.10 庭院小品

图6.11 木制庭院家具

2 小庭园景观设计实例分析

小庭园景观设计实例一

● 小庭园设计功能分析

该实例中的小庭园在设计时与业主交流中获知小庭园主要是提供一个户外活动或闲坐的空间，场地的一部分为孩子和宠物提供一个安全的边界。

设计第一步从功能入手，如图6.12所示，设计的图纸就是功能分析图，设计师通过分析人的行为方式确定小庭园的流线，并进而确定小庭园的分区，在这个过程中考虑业主的需要，在与起居室靠近的地方设置室外平台，在较为开阔平坦的地方设置了自由运动区；另外结合地形，设计利用坡地设置观景点使水平面富于变化。

第二步，如图6.13所示，在初步分析的基础上，确定不同区域的形状，如入口区分人行道和车行道，车行道宽阔简短便捷，人行路采取曲折的线形结合绿化，使之具

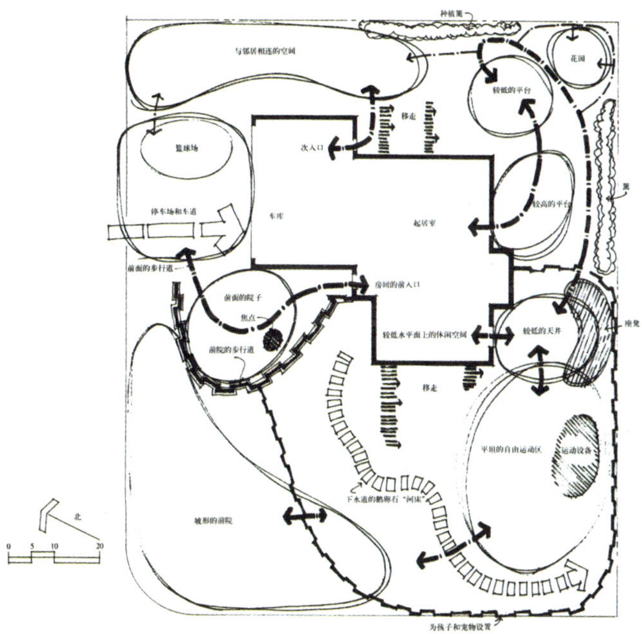

图6.12 功能分析图

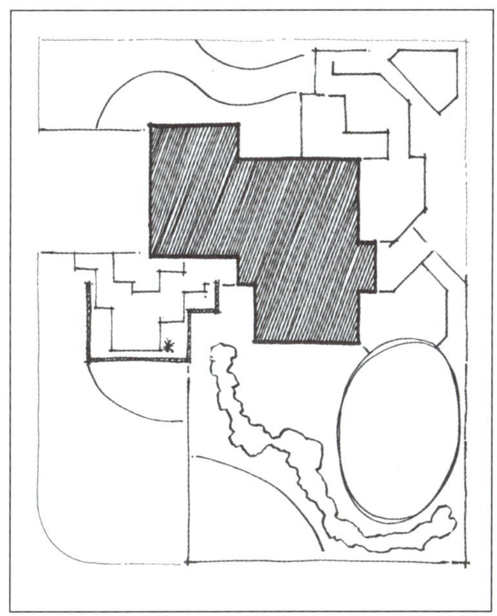

图6.13 设计过程图

有趣味和生气的感觉，而活动场地采用了椭圆形以给人流畅的开敞空间的感觉。

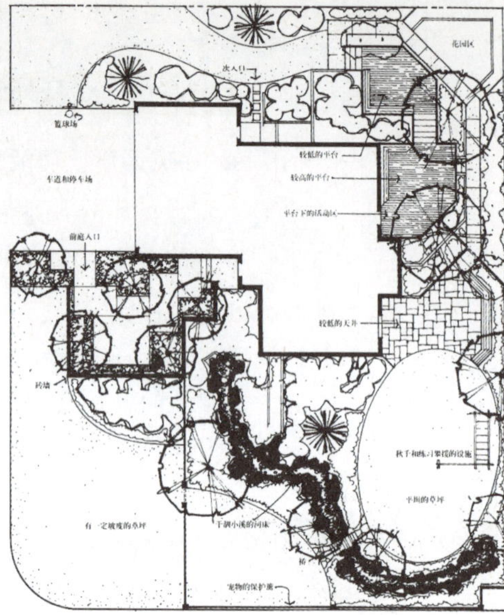

图6.14 最终设计图

● 小庭园设计细部分析

设计的第三步，如图6.14所示，这是绘制最终确定的设计图纸，进行了细致的铺地设计，入口处采用了水泥石板的铺地，与起居室相连的采用了木制平台，活动区域采用平坦草坪，在木制平台与草坪间采用花砖铺地的形式，利用铺地划分了不同的空间。在这一步同时考虑了植物的配置，植物的种植结合场所的特点，在大面积种植基础绿化的基础上，在空间过渡地方和需要树荫的地方种植较大型的树木，在边缘地带种植绿化带来形成围合空间。前部庭院空间考虑放置一个小型雕像及后部庭院的室外平台可以成为花园的焦点。

● 小庭园实景分析

图6.15～图6.17是设计完工后的照片，可以看出实景基本实现了设计的初衷。图6.15为入口空间，表现转折错位的水泥铺地结合空地上的植物，形成亲切的入口空间；图6.16是利用地形的坡度形成的自然景观，打破了完全平坦地形的单调性，在给庭院形成不同视角空间时，植物呈现出自然的生长姿态；而图6.17抬高的木制平台及上面布置的坐椅和太阳伞给人亲切温暖的感觉，满足了园主人的需要，并成为庭院中的主要景观。

图6.15 入口人行路

图6.16 坡地景观

图6.17 室外木制平台

小庭园景观设计实例二

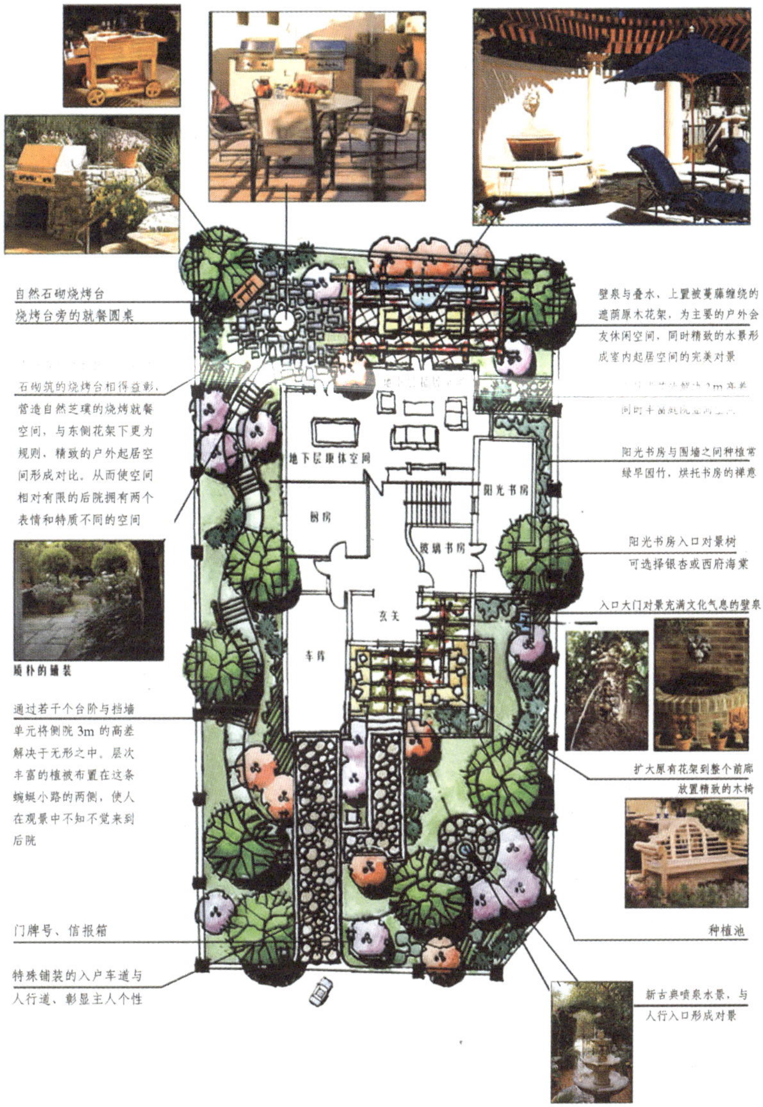

图6.18 小庭园景观设计实例

该设计实例根据业主的需要及建筑的风格，将小庭园设计定位于体现精致休闲的生活方式，设计采用新古典主义装饰手法结合自然田园的风格，来体现庭园融于自然，清新悠闲，健康和谐的设计理念(见图6.18)。该小庭园各组成部分设计手法分析如下。

● 前院设计分析

前院的设计体现了富有特色的车行和人行铺装形式。私属人性化的LOGO矮墙，古典喷泉，形成前廊的对景及前院的视觉焦点。

● 前廊设计分析

前廊的设计扩大了原有花架，与种植池结合设置原木长椅及软垫小茶几，营造出温馨的回家气氛。东侧的壁泉为点睛之笔，每每开启户门都能看到潺潺的碧水在阳光下闪耀着光芒。

● 侧院设计分析

东侧院营造阳光书房与室内空间连通，通过在阳光书房外的种植设计，突出书房的雅致和禅意。西侧院通过挡墙台阶与藏匿在茂密植物中的蜿蜒小径显得尤为自然幽静。

● 后院设计分析

流动的碧水、精致的吐水兽头，火光摇曳的烧烤炉，蔓藤鲜花缠绕的原木花架，使后院充满了优雅、激情和魅力。

小庭园景观设计实例三

● 小庭园设计功能分析

如图6.19所示，该实例是一个面积较大的庭园图，因此划分了较多的功能区域。其中首先是入口区域，有主要的通道通向别墅和车库，从平面图看前部庭园的左侧为一个植物丰富的休闲空间，青石汀步成为导游线路，引导人们来到花架和廊架下小坐；穿过这个空间可达到后部的烧烤区，这里是由木地板限定的一个空间；通过一条蜿蜒曲折的小径又可以来到庭园后部另一侧的游泳池，池边的木平台提供了这里的休闲场所，而更大面积的是绿色的大草坪，形成了开阔的空间感受，突出了大型庭园的辉煌气度。

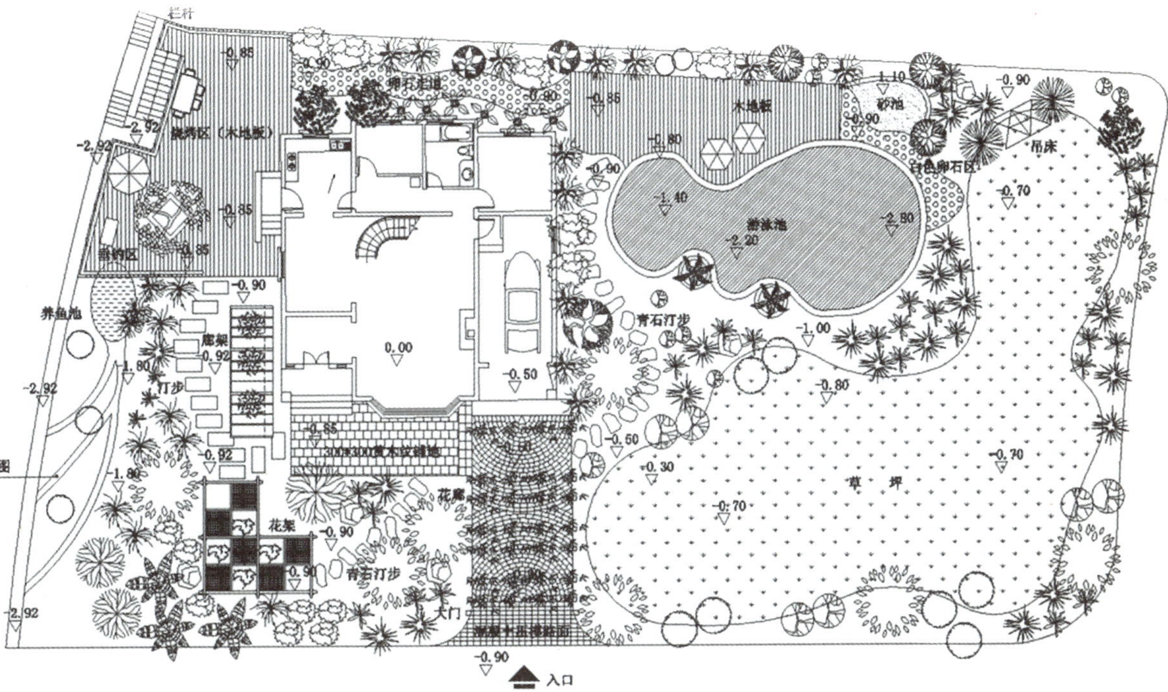

图6.19 庭园平面图

图6.20 庭园小路

● 庭园设计细部分析

园内的铺地丰富多彩，限定了不同的功能分区，联系不同分区的小路具有曲、幽、雅的特点（见图6.20）；园内的小品花架与廊架成为空间趣味中心（见图6.21、图6.22），而坐椅、太阳伞等设施小品也为空间增添了丰富的色彩；空间中的具有自由流畅曲线形状的游泳池成为全园的中心景观（见图6.23），其碧蓝的水面与白色的池岸形成鲜明的色彩对比，水边高大的棕榈树也在空间上强调了景观的重要性。植物的种植以观赏性植物为主，并注重乔灌木的结合，形成了丰富的庭园绿色景观。

图6.21 庭园花架

图6.22 庭园廊架

图6.23 庭园游泳池

第7章　城市公园景观设计及其实例分析

1 城市公园景观设计

城市公园是以绿化为主体的公共活动空间，是城市中的“绿洲”和环境优美的游憩空间，它为城市居民提供了休闲及其他活动的场所，满足了市民接近自然的需要；同时对美化城市、改善城市的小气候、保持水土、净化空气、调节湿度、防风减噪、平衡城市生态环境等均有积极作用。

1.1 公园的构成要素

公园构成要素包括出入口、区域、景点和道路等，它们的处理是否得当，决定着公园结构合理与否，以及是否可以理想地发挥自己的作用。

■ 出入口

出入口的位置选择是公园规划设计的一项重要工作，它涉及游人能否方便地进出公园，影响到城市道路的交通组织和街景，同时还关系到公园内部的规划结构分区和活动设计的布置。

公园可以有一个主要的出入口，一个或若干个次要出入口及专用出入口。主要出入口应设在城市主要道路和有公共交通的位置，但也要注意避免受到对外过境交通的干扰，另外还要考虑公园内用地情况，配合公园内的规划设计要求，与园内道路联系紧密，符合游览流线。次要入口是辅助性的，可为附近局部地区的居民服务，位置设在人流来往的次要方向，还可以设在公园内有大量人流集散的设施附近。主要出入口和次要出入口内外都要设置人流集散广场，其中外部广场要大一些，当附近没有停车场时，还要在出入口附近设置汽车停车场及自行车停车场。以北京朝阳公园为例，(见图7.1)，朝阳公园位于北京市朝阳区的中部繁华地段，北至亮马桥路，西至朝阳公园路，东至东四环路，南至朝阳公园南路，四面都临主要城市道路，因此四面都设置了出入口，但根据人流量的多少，将主要出入口设置在南北两侧，而在东西两侧则设置次要出入口，以满足附近居民需要。主要出入口附近考虑了停车，并设置一定面积的集散广场。

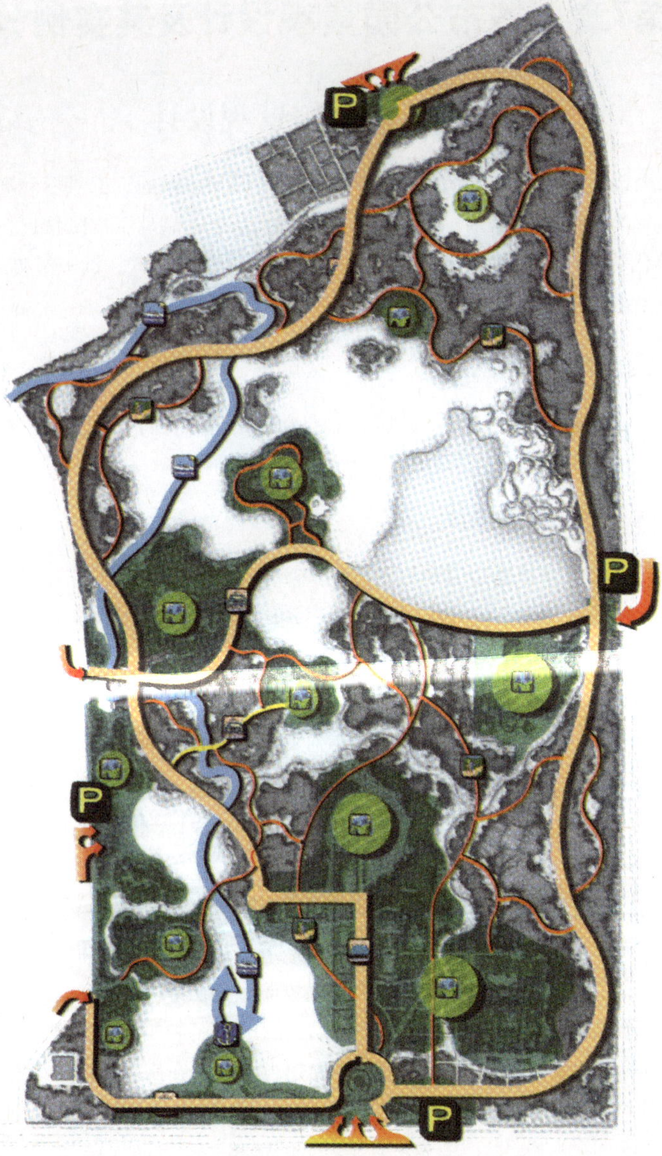

图7.1 朝阳公园交通分析图

■ 区域

可以根据游人活动的内容在公园进行分区，如在综合性公园内进行功能分区，可包括安静休息区、文化娱乐区、儿童活动区、园区管理区及服务设施区。在植物园内可按照植物的品种进行分类，在动物园按照爬行动物、两栖动物、鸟类等进行分区等，也可按照景区环境的感受分为开朗的、幽深的、宏伟的景区等；按照不同的季节来组织景区，可组织四季景区等。仍以朝阳公园为例（见图7.2），由于公园规划总面积达到288.7hm²，是北京市四环以内最大的城市公园，因此公园内的功能分区相对也较多，

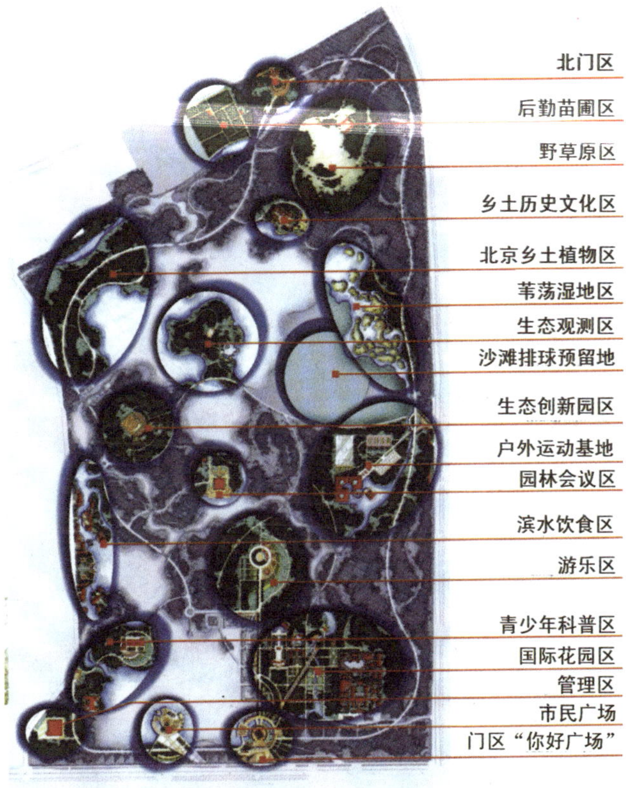

图7.2 朝阳公园分区图

根据功能和区域不同，大约划分了近20个景区，包括市民广场、青少年科普区、游乐区、园林会议区、乡土历史文化区、野草园区等，内容十分丰富。

公园的分区不能生硬划分，尤其是面积较小的公园，可将不同性质的各种活动做整体的合理安排。面积较大的公园在分区时应按照自然环境和现状特点布置分区，要因地制宜。

■ 景点

凡是有价值的景观单体称之为景点，它是构成公园的基本单元。联系若干个景点可构成景区，景点往往是游人目的之所在，因此景点的设计贵在其特色。

公园的景点和活动设施的布置，要有机地组织起来，在公园中要有构图中心，在平面布局上起游览高潮作用的主景，常为平面构图中心。在立体轮廓上起景观视线焦点作用的制高点，常为立面构图中心，平面构图中心和立面构图中心可分两处也可是一个。平面构图中心的位置，一般设在适中的地段，较常见的是由建筑群、中心广场、雕塑、岛屿、园中园等突出的景点组成。当公园面积较大时，各景区可有次一级的平面构图中心，以衬托补充全园的构图中心，两者既有呼应和联系，又有主从的区别。立面构图中心常见的是由雄峙的建筑和雕塑，耸立的山石，高大的古树及标高较高的

图7.3 玉泉公园鸟瞰图

景点组成。图7.3是北京玉泉公园鸟瞰图，公园的平面构图中心和立面构图中心重合，即位于公园中心位置轴线上的主体建筑成为公园的主景。

■ 道路

道路除了交通功能外，更主要的作用是作为公园的结构导引脉络，为决定城市公园的结构而存在（见图7.4）。公园的观赏要组织导游线路，引导游人按观赏顺序游览，景色的变化要结合导游线来布置，使游人在游览观赏时候，产生一幅幅有节奏连续的风景画面。导游线应按照游人游览曲线的高潮起伏来组织，如入口处引景，逐渐引人入胜，到达高潮，在结束时用余景使游人留下深刻的印象。

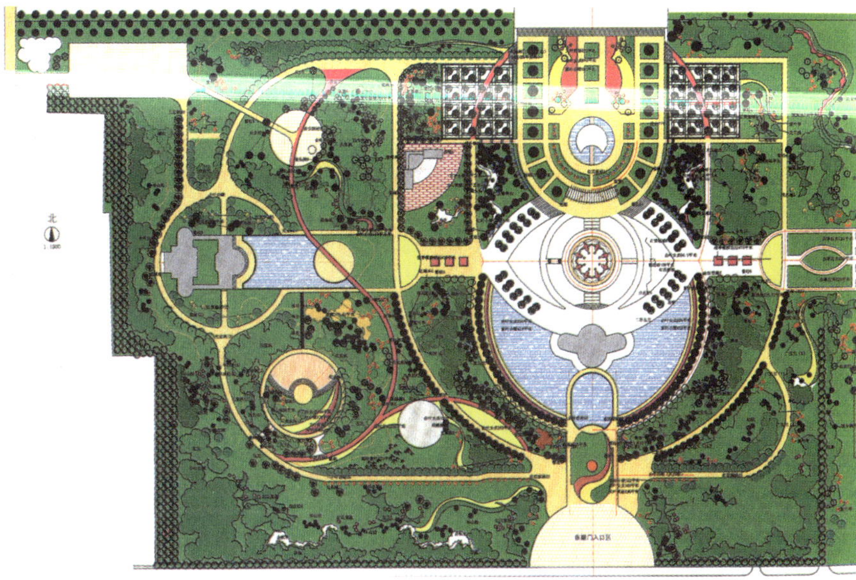

图7.4 玉泉公园平面图

1.2 公园设计原则

公园的设计原则主要包括以下几项。

(1) 系统性原则。

(2) 行为原则公园是市民游憩、娱乐的场所，使用者的行为要求主要包括游览、休闲、娱乐的行为方式，而游人在公园中的行为要求的内容和特征是公园设计的重要依据之一。

(3) 生态性原则。

(4) 个性化原则。

1.3 公园的分类

随着经济文化的发展，不同年代、不同文化类型的需求使得公园的内涵发生了深刻的变化。公园的类别开始细化，出现了许多不同类型的公园，而每个公园都具有共性和个性。其共性是都有一个公共的活动园地和花木葱茏的生态环境。个性是公园的活动内容和行为范围各有不同。各种类型的公园是由公园名称来确定和区分的。如综合性公园、儿童公园、游乐公园、体育休闲公园、动植物园、纪念公园等。人们通常根据公园的名称来认知公园的内涵。虽然公园的内涵不一样，但公园的基本功能大致相同。

■ 综合性公园

综合性公园是城市园林绿地系统中的重要组成部分，它不仅有大片的种植绿地，还要有游憩活动的设施，是群众性文化教育、娱乐，休息的场所。综合性公园对城市面貌、环境保护和人民的文化生活起着重要的作用。

综合性公园在城市范围内可分为全市性公园——为全市居民服务，用地面积随全市总人数多少而不同，在中小城市设1～2处；区级公园——在较大城市中，为一个行政区居民服务，面积根据该区居民的人数而定，如上面所提的朝阳公园。

综合性公园的面积按其任务需要较多的活动内容和设施，故用地需要有较大的面积，一般不少于10hm^2。在假日和节日里，游人的容纳量约为服务范围居民人数的15%～20%，每个游人在公园内的活动面积约为10～50m^2／人。

■ 儿童公园

儿童公园是以儿童游戏为主的丰富多彩的活动乐园，是丰富儿童生活的不可缺少的重要部分。其特征是具有儿童趣味个性、适合孩子玩耍的游戏空间和自然美丽、舒适安全的环境。不同年龄的儿童因生理、心理特征及兴趣爱好、运动量都有所不同，因此，建筑、设施的造型色彩及使用功能要符合不同年龄层的儿童。有针对性地设计不同年龄层儿童的活动空间，让不同年龄的孩子都能找到自己喜爱的游戏内容，更好地发挥孩子天真烂漫的性格特征，培养活泼、开朗、爱运动的健康性格，还要注意创造良好的自然环境（见图7.5）。

图7.5 合肥儿童公园

■ 游乐公园

现代化社会对人们的最大冲击是快速紧张的生活节奏，繁忙的工作带来的是身心的疲劳和精神的紧张，因此出现了专门面向成人的游乐场所。游玩并不是孩子的专利，成人也一样天生爱玩，只是玩的形式、内容和深度不一样。游乐公园的特征是针对成人游戏趣味的游乐场所(见图7.6)。

图7.6 深圳欢乐谷鸟瞰图

■ 体育休闲公园

体育休闲公园是以多种体育活动为主体的运动场所，但又不同于运动场。它是以全民的、大众化的一般性运动为主要特征和内容的带有娱乐性质的公园，因此，提供一个具有优良自然生态的环境空间显得十分重要。建设体育休闲公园将绿地与运动场所有机地融为一体，在创造出自然景观的同时，也建成了体育健身场地，既创造出优美而内涵充实的环境，又使人们在这优雅的环境之中运动，且节约了城市用地，真可谓是一举多得。体育休闲公园可以充分发挥绿地在改善城市生活质量中的作用，大量的绿荫覆盖面，可为有氧活动提供优质环境。一般体育休闲公园内容应包括室内外游泳池、篮球场、足球场和自行车环道等，同时还需配备大草坪(见图7.7)。

图7.7 清河体育文化公园鸟瞰图

■ 自然公园

自然公园是以自然生态为特色的风景公园。建造自然公园是以保护生态环境为目的的造景行为，是以自然风光为主体的具有观赏价值的景观，较少部分的人工设施一般为景观的保护设施和公共便利设施(见图7.8)。

图7.8 自然公园设施

2 城市公园景观设计实例分析

安德烈·雪铁龙公园

1992年建成的巴黎雪铁龙公园带有明显的后现代主义的一些特征，由于巴黎市民对于可以组织不同活动的休闲式公园已经习以为常，在安德烈·雪铁龙公园希望创造一种新的公园形式，所以公园的定位在除了将其作为一个风景如画的公园之外，这个公园实际上还是一个概念性公园，或者称为“多义花园”。它抛弃了综合性文化广场的概念，仅仅保留其休闲的功用，并且创造了一个可以对自然、对宇宙及对人自己进行冥想静思的地方。这样就使得这个公园的特性较为突出。

公园目前的设计来源于1985年由巴黎市议会组织的一次国际竞赛，公园根据竞赛的两个一等奖的综合方案建造的，目的是在前雪铁龙工厂的用地建设一个花园。流动和组合是方案的主旨，并与法国首都的恢宏气势相适应。为了展示一个壮丽的景观，公园通过从区域中心到河边的一系列不同层次展开。占地11hm²的中心部分包括一个逐步向下倾斜的、可直达两个具纪念性温室的宽敞的散步广场、一个巨大的矩形花坛和下行到河岸的一连串平台(见图7.9)。

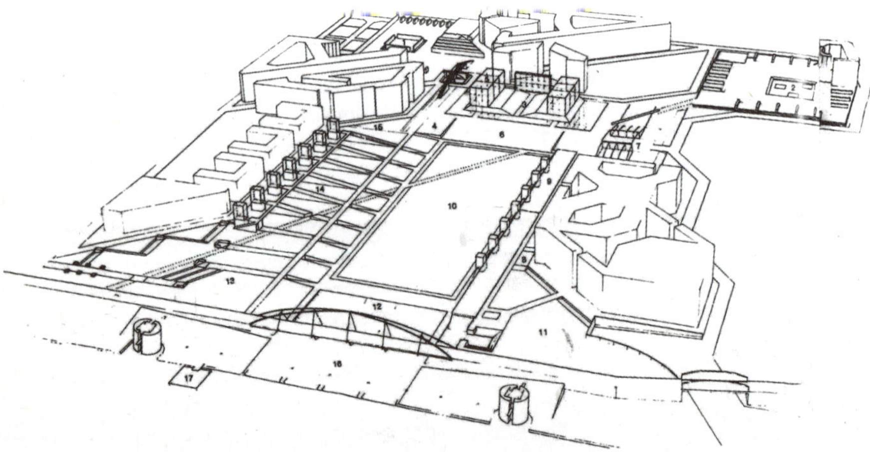

图7.9 雪铁龙公园轴侧图

1–白园；2–黑园；3–水庭；4–树庭；5–温室；6–散步广场；7–餐厅；8–“蜕变”之园；9–水渠/花岗岩构筑物；10–大绿榻；11–岩石园；12–塞纳河畔；13–移园；14–群园；15–影之园；16–码头；17–花园

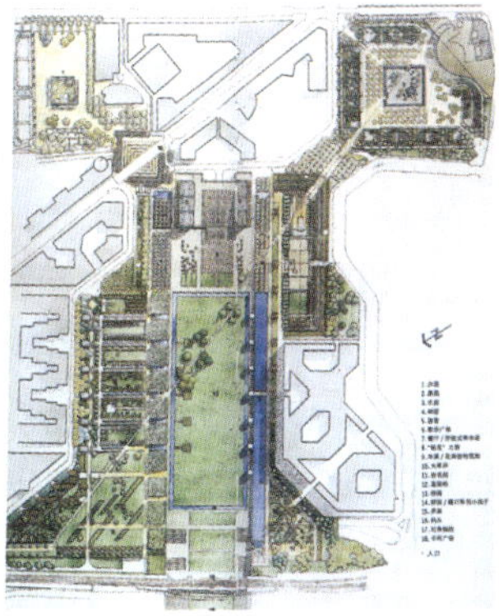

图7.10 雪铁龙公园平面图

图7.11 雪铁龙公园(从大绿榻看花岗岩构筑物)

公园的组成及景点设计分析

雪铁龙公园的设计体现了严谨与变化、几何与自然的结合。公园由多个小型的公园组成，也可以说公园分为若干个区，包括白园、黑园、水庭、树庭、散步广场、大草坪、岩石园、移园等，如图7.10所示，它们是安排在一个系列之中关系密切的、诗意盎然的花园群。公园以三组建筑来组织空间，这三组建筑相互间有严谨的几何对位关系，它们共同限定了公园中心部分的空间，同时又构成了一些小的系列主题花园。第一组建筑是位于中心南部的7个混凝土立方体，设计者称之为“岩洞”(见图7.11)，它们等距地沿水渠布置。与这些岩洞相对应的是在公园北部，中心草坪的另一侧的7个轻盈的、方形玻璃小温室，它们是公园中的第二组建筑，在雨天也可以成为游人避雨的场所。岩洞与小温室一实一虚，相互对应。第三组建筑是公园东部的两个形象一致的玻璃大温室(见图7.12)，尽管它们体量高大，但是材料轻盈通透，比例优雅，所以并不显得特别突出。公园中部的大草坪称为“大绿榻”，是一个巨大的可供人俯瞰河流的开敞空间，它位于微微下倾的散步广场的底部，这个设计的不同之

图7.12 雪铁龙公园玻璃大温室

图7.13 雪铁龙公园对角线方向的轴线

处在于这个巨大的矩形，在河的另一岸没有视觉上的对应。

● 公园层次与构图分析

由于大草坪位于中轴线上，占地面积最大，并且它的两边分别配合有树庭和花岗岩的构筑物，形成了公园的构图中心，同时在这条轴线上，由于突出的两个大型温室建筑物的中心夹杂着一个散步广场和水庭，形成了另一个次要中心，与主要中心相补充和呼应，而在不同景区如白园、黑园及移园等又都有自己的中心，形成了第三层次的中心，丰富了景观的特点，而最具有特色的是横贯整个公园的一条斜的轴线，将广场分割成为两部分，打破了通过水庭、散步广场和大草坪形成的一条中轴线的单调感，又把园中各个主要景点，如黑色园、中心草坪、喷泉广场、系列园中的蓝色园、运动园等联系起来。从而突破了古典的构图，使公园具有现代构图的特色。同时这条轴线是公园中主要的游览路线，这条游览路线虽然是笔直的，但是在高差和空间上却变化多端，所以并不感觉单调(见图7.13)。

● 多种手法混杂的后现代风格公园

两个大温室，作为公园中的主体建筑，如同法国巴洛克园林中的宫殿；温室前下倾的大草坪又似巴洛克园林中宫殿前下沉式大花坛的简化；大草坪与塞纳河之间的关系让人联想起巴黎塞纳河边很多传统园林的处理手法；大水渠边的6个小建筑是文艺复兴和巴洛克园林中岩洞的抽象；系列园的跌水如同意大利文艺复兴园林中的水链；林荫路与大水渠更是直接引用了巴洛克园林造园的要素；运动园体现了英国风景园的精神；而黑色园则明显地受到日本枯山水园林的影响；6个系列花园面积一致，均为长方形。每个小园都通过一定的设计手法及植物材料的选择来体现一种金属和它的象征性的对应物：一颗行星、一星期中的某一天、一种色彩、一种特定的水的状态和一种感觉器官。

菖蒲河公园

● 公园设计主旨分析

菖蒲河原名外金水河，源自皇城西苑中海，从天安门城楼前向东沿皇城南端流过，汇入御河，明代成为皇城内的一条河道。其西北为劳动人民文化宫(太庙)，北侧为保留完整的四合院，同时菖蒲河也是南池子历史文化保护街区的南边界。历史上是明代皇城内“东苑”的南端，因此，菖蒲河既是一条历史文脉河，又是一条城市景观河。

根据其所处位置和特点，将公园设计主旨定位于保护传统风貌，展现皇城历史文脉，突出生态造园，恢复河道自然景观，强调与北侧大宅院相互融合、渗透的一座精品新园林：它将是一项保护古都风貌、促进旧城有机更新的重要工程，更是在继承传统基础上的创新，是一次延续历史文脉、突出河系特色、追求清新高雅的文化品位的有机尝试。

● 公园用地及规划布局分析

菖蒲河公园总规划面积3.8hm^2（见图7.14），其中，绿地及水面面积为2.02hm^2。河道全长510m，水面宽9m，两侧绿地各宽约20m。该公园的特点是用地狭长，所以主要游览路线沿地形展开，同时顺着这条狭长的带状绿地公园，设计了“锦屏蒲珠”、“天妃闸影”、“东苑小筑”、“红墙怀古”、“天光云影”、“菖蒲逢春”、“凌虚飞虹”等景点(见图7.15)，游人可通过不同标高的游览路线形成多视点，多层次的观赏点，使人们可以全方位地感知公园的各处景色。

图7.14 菖蒲河公园全景

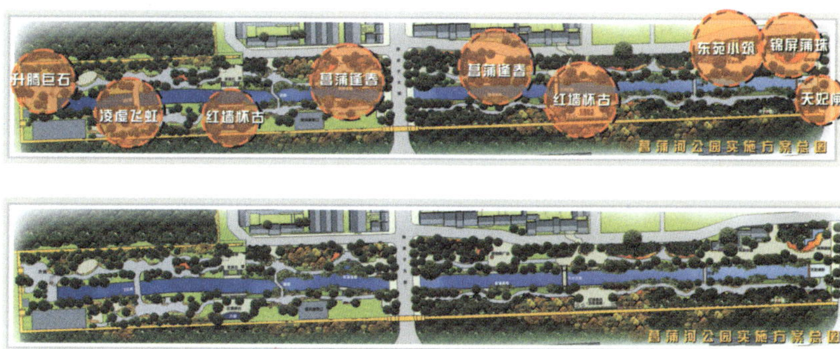

图7.15 菖蒲河公园

● 公园出入口设计

由于公园东西长，南北狭，因此公园分别在东侧和西侧各设一主要入口，其中东侧入口以景区锦屏蒲珠为主(见图7.16)，是公园的东入口标志，与城市街道景观相联系，设计了由高3.5m、宽1.5m的6块花岗岩组成的石屏风，用中国花鸟画的构图和传统的透雅手法，展现出一年四季各种花木禽鸟的诗情画意。屏风前用不锈钢精心锻造的“菖蒲球”造型，用艺术的手法对菖蒲进行夸张、变形，既点明公园的主题，又寓意菖蒲河的新生。西侧以西入口广场为入口，这是从天安门一侧入园，首先正对的是河道纵深的景观，再转向东北侧，则迎面是一块名为“升腾”的灵璧奇石，石壁似涌腾的火焰，极富动感，纹理清晰，体现着昂扬的生命力。在这里运用强迫视距法，使人的观赏距离非常近，增加了山石雄浑和震撼力。

图7.16 菖蒲河公园（锦屏蒲株）

图7.17 菖蒲河公园（天妃闸影）

● 公园景点设计

其余景区还有以下几个，分别有不同的特点，但都表现出公园的主题。

(1) 天妃闸影(见图7.17)，古时菖蒲河的水任这里经天妃闸流入御河，因此我们在此紧扣历史文脉，用两个龙头口衔铜质闸板形成水口，跌水与清澈的河水共同构成古朴、庄重的景点，并可引起当代人对历史的遐想。

图7.18 菖蒲河公园（红墙怀古）

(2) 东苑小筑是一组传统建筑的敞厅曲廊，不仅能够划分空间层次，又可使北侧欧美同学会的大片灰墙与公园自然衔接，并与西侧大宅院相呼应。

(3) 经过修复后亮出的大片红墙金瓦，是皇城景观的标志，设计以红墙为依托，引红墙入景，在东西两段各设了一个“红墙怀古”景点(见图7.18)，集中敞开20～30m的红墙，给人很强的视觉冲击力，同时提升了皇城红墙的品位和文化内涵。

图7.19 菖蒲河公园（凌虚飞虹）

（4）天光云影：公园中有四座景桥横跨两岸，造型各异，与倒映在水中的白云、绿树、红墙共同构成一幅天然图画。

（5）菖蒲逢春：在河道设计时，为了保留现状的几十株大柳树，河道有进、有退，呈自由曲线、弯曲流畅。在河弯处设计了许多野生的菖蒲、香蒲、芦苇、水葱、大瓢、千屈菜等10余种水生植物，郁郁葱葱。

（6）凌虚飞虹(见图7.19)：景点取材于明代东苑的凌虚亭和飞虹桥。在公园的西部，为障挡园外的公厕，设计者堆山叠水，形成公园的最高点，同时也是公园由东向西景观视线的终端。在距水面4.5m的山顶设凌虚亭，水边横跨单拱石桥——飞虹桥。此处是绝佳的观景和借景点，既可登高远眺天安门和劳动人民文化宫，又可将公园美景尽收眼底，俯仰自得。

公园内四座景桥使游人穿梭于水面和柳荫之间，体会丰富的河道景观，多处的亲水平台可戏水观鱼，登亭远眺可将公园美景尽收眼底。松林竹径可使人先抑后扬、豁然开朗。多层次的引导和体验，使公园在有限的空间内显得景观丰富、步移景异、美不胜收。

桓台少海公园

● 公园位置及设计主旨

少海公园是桓台市中心的主要公园，桓台地处鲁中山区和鲁北平原交界地带，隶属我国著名的组群式城市——淄博。少海公园位于城市新区主轴线上，是城市规划中南北轴线绿色景观通廊中重要的组成部分。公园四周以道路为界，紧临中心大街，总规划面积约21.6hm²。南面为商贸区，北面为居住区及拟建小学，西面为桓台一中，东面与规划中的酒店，游乐中心隔路相望。场地方正地势平坦，土质良好，现状为农田，有地下水源。

设计考虑到桓台的历史和文化，具有“清、淡、闲、远”崇尚自然的地域情怀和“水”文化源远流长，将清新自然的风采作为公园设计所要表现的格调，将水为主要元素进行方案设计。这样就使得少海公园具有独到的特色，从规划上避免了重复建设的不良后果（见图7.20）。

图7.20 桓台少海公园鸟瞰图

● 公园出入口设计

如图7.21所示，设计摒弃了传统公园设计中出入口的设计概念，而是体现“融解”

概念，市民可根据自己的行为轨迹在园中穿行。北、东、南侧为主要人流方向，结合滨水景观设有较多的出入口，西侧游人的密度小，出入口的设置也较集中。从这一点上讲，公园的出入口的数量也不是绝对的，对于这种大型的以休闲服务为主要的开放型公园，主要目的是为了使从各处来的人方便到达，因此出入口设计得较多。但出入口的主要位置应设在人口较为集中并靠近主要道路的地方。

图7.21 桓台少海公园平面图

● 公园道路系统分析

本方案的路网设计由陆上游与水上游组成，水陆立体交叉是少海公园的特色。陆上游包括园中游与城中游两条主线(见图7.22)。

全园道路系统采用自然式布局，根据景观需要的不同选用不同的铺装材料和铺砌形式，但这些材料都自然、古朴，与公园整体风格协调统一。

道路分三个等级：一级路可形成环路，大都与水相临，增强融合性；二级路为连

图7.22 桓台少海公园交通分析图

接各分区的通道，是划分各景区的分界线，也是连接各景点的纽带；三级路为各区内的游览步行道。设计师在规划中除重点考虑了陆上游外，还增添了多条水上游线路，与其他公园不同，除设有正式的码头外，在全园多处设有游船停泊点，人们可以根据自己的需要选择游览线，体现了人本的思想，为保证游船的局部畅行，水上的桥由拱桥和直桥合理设置。

● 公园功能分区和景点设置

通过对公园周围的城市环境、园内外景观特质需要、人本的使用功能等因素的深刻思考，整个公园被划分为四个功能分区，通过对这四个分区的刻画，向人们展现了一个富有文化内涵的、清新的生态山水园（见图7.23）。

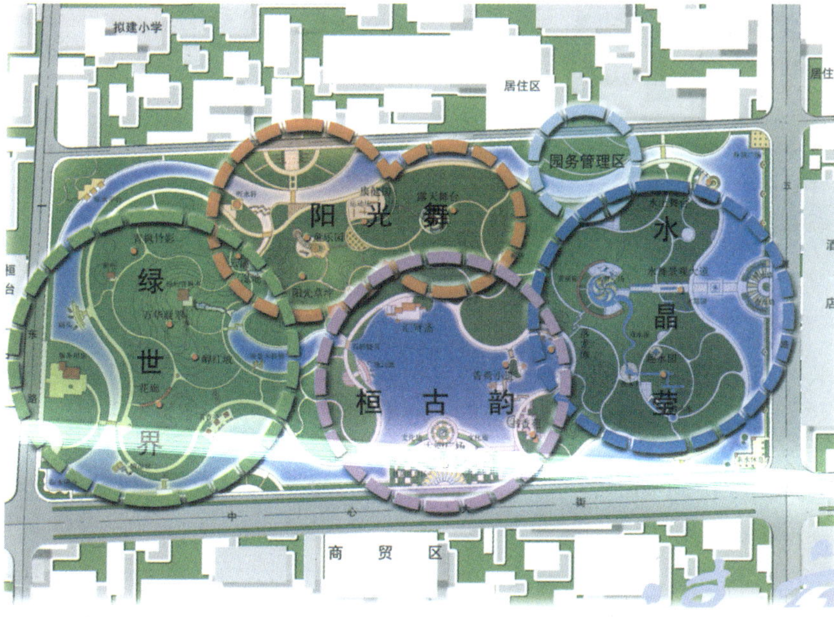

图7.23 桓台少海公园功能分区

四个功能分区为桓古韵——文化园景区；水晶莹——水景园景区；阳光舞——康乐园；绿世界——植物观赏景区。

（1）桓古韵——文化园景区，以体现桓台的地方精神、人文特质为主题。该区位于公园的中部，与商贸区相对。

（2）水晶莹——水景园景区，以高科技的手段多角度多形式地体现水的风采，满足人们的亲水、恋水情结。

（3）阳光舞——康乐园，是人们休闲娱乐健身的场所。在园的中部靠近学生通道、居住区，方便人群。由儿童乐园、康健园和阳光草坪组成。

（4）绿世界——植物观赏景区，以丰富的植物景观，形成具有休闲、科普性质的植物观赏园，是全园中的安静休息区。

休闲公园设计 （设计：李昊）

● 公园基地

这是一次课堂作业，公园的基地要求是：公园位于北京市区，四面环路，北面是一城市道路，道路北侧有一些商业性建筑，高度大约为20m，其余三面为居住小区，道路沿边为多层住宅。场地地势平坦，公园南北长约180m，东西宽约340m，占地面积约为6hm^2。

● 公园设计定位及出入口设计

图7.24为设计平面图，公园设计定位为休闲公园设计，公园主要服务对象为周围居住区居民，因此为相对综合性公园，采用完全开放式以方便人们的使用，公园定位是相对准确的，但是公园的出入口设置不够或不明显，从图上看只有北部设置了一个较大的出入口，而其他三面的出入口都不够明显，从基地现状分析看，在北侧设置主要出入口是合理的，因为北侧是整个居住区休闲娱乐及购物的中心，用地北侧东西向的线形商业区域服务于整个居住区，人流量较大。但其他三面都是居住区，沿街都是住宅，作为一个满足附近居民活动的休闲性公园，三面都应该设置出入口，以方便人

图7.24 平面图

们的到达。另外出入口应考虑设置人流集散广场，并考虑停车问题。

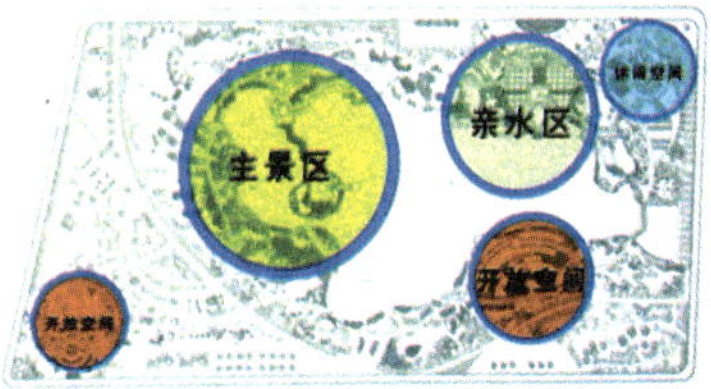

图7.25 分区图

● 公园分区分析

图7.25为公园分区图，可以看出公园是以水景为主的公园，因此主要景观围绕水面展开，布局较为合理，但其西部景区面积较大，内容却有些少，只在最西南角有一个开敞景区，而在主景区与这个开敞景区之间，是一个开敞空旷的环境，由于没有设置景区，因此就没有布置景点，使这里无法形成吸引人的场所，从平面看也显示大而无当的特点。

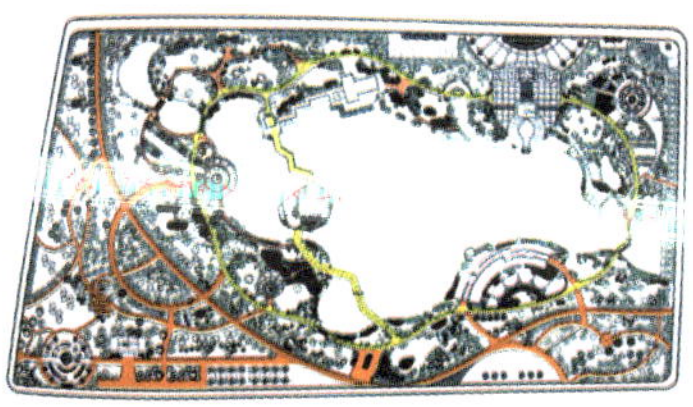

图7.26 道路系统分析图

● 公园道路系统分析

图7.26为道路系统设计，从图上看，黄色的道路应该属于公园的主干道，这条主干道联系着公园很多重要的景点，并考虑了人的亲水性，设置较为合理，但同样是在西部和西南部，由于定位模糊，没有设置景点，因此道路系统也十分混乱。另外一个问题是公园的道路系统结构不够清晰，主次不够分明，主要是主次道路的宽度等级没有很好表现出来，有些地方的疏密处理不好，设计考虑到园路要布置成环状，避免游人走回头路，但那条较宽的斜向的从西北角到东南角的道路却忽视了这一点，使这条道路显得很生硬。尽管我们看出在道路系统设计上有较多的问题，但实际上略微改动一下，就会比较合理。

图7.27 鸟瞰图

● 公园地形设计分析

公园的面积不小，但用地过于平坦，这其实对于休闲性园林是一个劣势，因此我们可以对园地形进行改造，尤其是大面积的水面开挖出来的土方可以就地解决，减少施工量，同时使园内高低起伏，形成丰富多变的空间环境，同时可改变其生态特性，增加植物的种类。这样也可以解决西部过于空旷的问题，可谓一举多得。

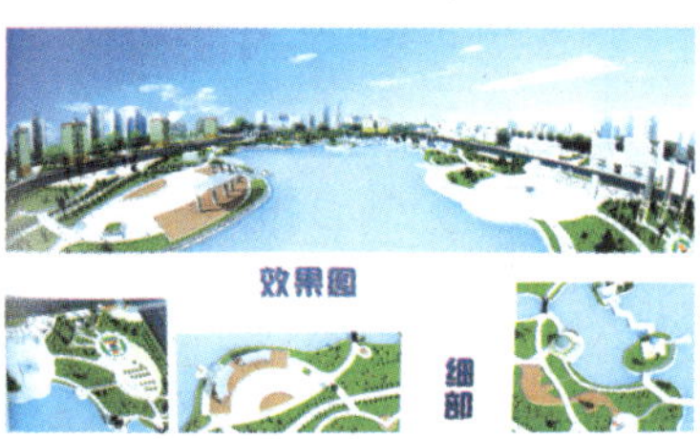

图7.28 效果图

最后，从公园的鸟瞰图（见图7.27）和效果图（见图7.28），可以看出公园的建筑和小品设计较为丰富，风格比较统一，设置的位置与环境结合较为紧密，形成了较为突出的景观环境。因此，如果可以改动一下设计中的不足，还是会成为一个较优秀的设计。

第8章　广场景观设计及其实例分析

1 广场景观设计

城市广场是城市中最早利用的一种开放空间形式。广场由周围的建筑围合而成，是室内活动场所的延伸，也是市民交往的城市起居室。

城市广场按其性质、用途及在道路网中的地位分为公共活动广场、集散广场、交通广场、纪念性广场与商业广场等五类。有些广场兼有多种功能。

1.1 城市各类广场的功能与设计要求

■ 公共活动广场

公共活动广场主要是为市民提供良好的户外活动空间，满足节假日休闲、交往、娱乐的功能要求，兼有代表一个城市的文化传统、风貌特色的作用。公共活动广场根据主要功能不同有时又称文化广场或休闲广场等，常选址于代表一个城市的政治、经济、文化或商业中心地段（老城或新城中心），有较大的空间规模（见图8.1）保证广场具有较高的绿化覆盖率和良好的自然生态环境。

图8.1 上海人民广场

■ 商业广场

商业广场是指专供商业贸易的建筑、商亭，供居民购物，进行集市贸易活动用的广场。它集购物、休息、娱乐、观光、饮食和交往于一体，随着城市主要商业区和商业街的大型化、综合化和步行化的发展，商业区广场的作用越来越显得重要，人们在长时间购物后，往往希望能在喧嚣的闹市中找一处相对宁静的场所稍作休息（见图8.2）。因此，商业广场这一公共开敞空间要具备广场和绿地的双重特征。所以在注重投资的经济效益的同时，应兼顾环境效益和社会效益，从而促进商业繁荣。

图8.2 洛杉矶菲戈购物广场

图8.3 日本市泽公园雾的广场

图8.4 巴黎卢浮宫广场

图8.5 巴黎大凯旋门广场

■ 园林广场

园林广场主要指与城市集中绿地，公园绿地，城市居住区绿地，花园或城市自然景观相结合，以自然生态环境，园林景观为主要功能的广场（见图8.3）。其规模通常比较小，并与其周围的植物绿化，四季花卉，山石水景，构筑物，园林小品等构成要素形成亲切怡人的生态小气候。因此，应合理控制园林广场的规模。

■ 集散广场

集散广场是城市中主要人流和车流集散点前面的广场，如飞机场、火车站，轮船码头等交通枢纽站前广场、体育场馆、影剧院、饭店宾馆、博物馆等公共建筑前广场和大型工厂，机关，公园门前广场等(见图8.4)。主要作用是解决人流、车流的集散有足够的空间；具有交通组织和管理的功能，同时还具有修饰街景的作用。集散广场应根据高峰时间人流和车辆的多少、公共建筑物主要出入口的位置，结合地形，合理布置车辆与人群的进出通道、停车场地、步行活动地带等。

■ 交通广场

交通广场包括桥头广场、环形交通广场等，应处理好广场与所衔接道路的交通，合理确定交通组织方式和广场平面布置，减少不同流向人车的相互干扰，必要时设人行天桥或人行地道(见图8.5)。

1.2 广场设计基本原则

广场空间设计首先应遵循城市外部空间设计的一般原则，如满足人的行为规律，满足城市总体规划要求，尽量与之协调统一，同时要创造自己的特色。广场设计一般应遵循以下3项原则。

图8.6 威尼斯圣马可广场

■ 注重与周围整体环境的协调与统一

（1）广场应按照城市总体规划确定的性质、功能和用地范围，结合交通特征、地形、自然环境等进行广场设计，并处理好与毗连道路及主要建筑物出入口的衔接，以及和四周建筑物协调，注意广场的艺术风貌。

（2）要注意与周围建筑的协调与统一。威尼斯的圣马可广场是广场与建筑环境完美结合的典范，（见图8.6）。

（3）城市广场要与街道协调、统一，它们的协调与统一是构成广场上环境质量的重要因素。

■ 突出广场主题的原则

结合广场的性质、用途，确定广场的主题和风格。广场的空间划分、植物种植、铺地形式和小品布置都要结合主题进行设计，从而突出广场主题，强化广场的特色。如果是地方的文化性广场，则更应注重广场的文化特色和地方特色。图8.7为西安钟鼓楼广场，是以传统建筑钟鼓楼为广场的核心，广场要表现西安作为古都的气魄和历史，因此广场设计稳重浑厚，始终围绕钟鼓楼展开，周围新建建筑的风格也采用复古的手法，与传统建筑相协调。

■ 人性化原则

广场是为人服务的，因此应充分体现对人的关怀，应注意广场的“可达性”和“可留性”，强化广场作为公众中心的“场所”精神。

图8.7 西安钟鼓楼广场

1.3 广场设计具体问题

■ 尺度与规模

广场大小是受活动内容、结构布局、视觉关系、光照、条件、空间围合、周边建筑等诸多因素共同制约的，同时也与相邻空间的对比衬托有关。例如在欧洲许多中世纪城市，人们从狭窄弯曲的只有2～3m宽的街道中走出，来到广场，便有豁然开朗的广场感觉。阳光照在广场上，暖洋洋的，周边摆着咖啡座和鲜花。尽管面积不大，却让人感到这小小的空间已成为生活的必须，这才是真正意义所在(见图8.8)。相反，有些广场面积不小，但除了让人感到空旷、单一无所依靠外，并不能够引发交往或留下深刻的印象，美国规划师芒福德称之为“广场恐怖”。另外，一个好的城市广场要有适当的围合感，如果不能产生向心力、凝聚性差，就会削弱了广场作为社会交往空间功能的发挥。图8.9为美国洛克菲勒中心广场采用下沉的方式，由于其围合性产生了较强的凝聚力，广场面积不大，但却充满活力。所以应当从当前的社会需要和可能出发，结合旧城市改造，城市重要公共建筑及商业文化建筑分布，并依据具体情况可建一些小广场和小广场群，这样花钱少，利用率高，而且有利于提高城市空间品质。

图8.8 意大利罗马纳瓦纳广场鸟瞰

图8.9 洛克菲勒中心广场

■ 广场空间设计

注意广场的空间划分：现代广场一般都比较大，需要划分成不同的领域以适应不同年龄、不同兴趣、不同文化层次的人们开展多种活动。划分中，要有一个集中的大空间占主导地位。小空间应划分适当，不宜琐碎，且与大空间有联系。北京西单文化广场(见图8.10) 空间划分缺乏对比，且“线状空间”过多，实际效果不很理想。另外要注意广场的边界效应，广场四周的边界是公共活动的密集区和环境依托点，人们滞留其间，会形成一定的场所感，活动事件都是从这里开始并向中心部分扩展。

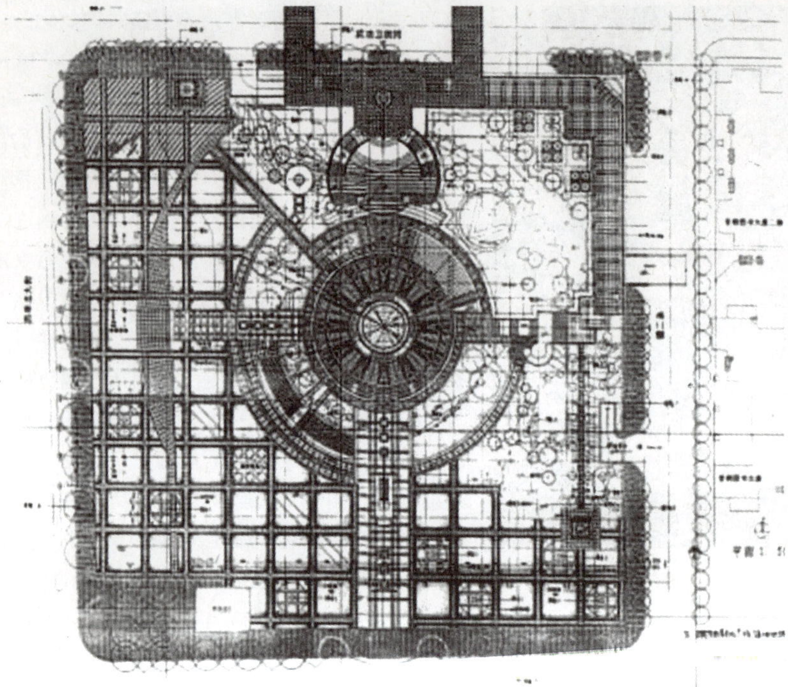

图8.10 西单文化广场平面图

■ 广场绿化

古典广场一般较少有绿化，以硬地和建筑为主，而现代广场不论大小，都要充分考虑绿化问题，体现了现代广场的设计对于人和环境的关怀。广场的最终功能是高人流量的开放性社交空间，其主要作用不是用来解决城市生态环境问题，所以广场绿化要依据具体情况及广场的功能、性质等进行绿化设计(见图8.11)。

图8.11 英国伦敦百老汇中心广场

■ 广场铺装

铺装是广场设计的一个重点，因为广场是以硬质景观为主。世界上许多著名的广场都因其精美的铺装设计而给人留下深刻的印象。单从美学上看，质感来自对比，如果没有衬托，再高档的材料也很难发挥出效果，只要通过不同铺装材料的运用，就可划分地面的不同用途，界定不同的空间特征，可标明前进的方向，暗示游览的速度和节奏。因此，欧洲许多著名广场，其铺装都很简单朴素，只在重点部分稍加强调即可，同样能够达到预期目的（见图8.12）。而且因为广场是室外空间，所以应以简洁为主，铺装图案、材料应与其他景观要素统一协调（见图8.13），切忌室内化倾向。

图8.12 圣彼得教堂前广场铺地

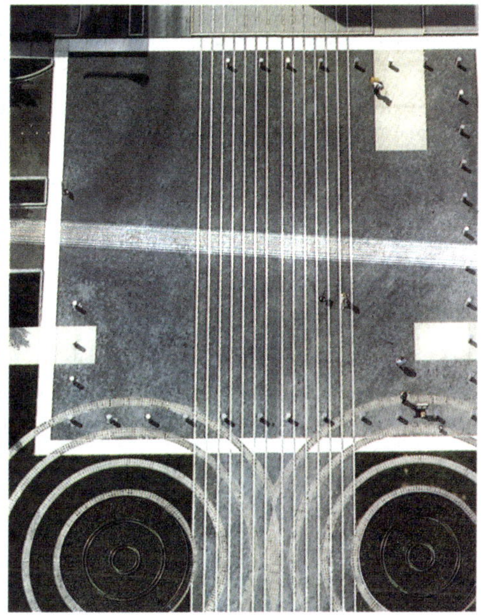

图8.13 塔院广场铺地

■ 小品与细部

广场小品包括灯柱、花台、漏窗、花架、宣传栏，景墙、栏杆等，其在满足功能要求的前提下也作为艺术品具有审美价值，由于色彩、质感、肌理、尺度、造型的特点，加之成功布置，可使广场空间的趋向、层次更加明确和丰富，色彩更富于变化。

小品的色彩则是广场上丰富多彩的艺术表现主角，是人们心灵状态的反映。如红色在中国表示吉祥，富有朝气（见图8.14），绿色、蓝色使人感觉轻松或觉得庄重（见图8.15）。

图8.14 青岛五四广场

图8.15 喷泉纪念碑

小品造型变化，要统一于广场总体风格，统一而不单调，丰富而不凌乱，有助于广场营造出浓郁的地方气息，文化特色，风格鲜明，统一别致。日晷就是日本时间纪念广场最重要的景观，通过这个雕塑反映了广场的主题，使之特色鲜明（见图8.16）。

图8.16 日本时间纪念广场日晷

2 广场景观设计实例分析

日本筑波广场

筑波广场位于日本筑波科学城的中心区，它与中心区建筑一起构成了科学城商业和文化中心，也是科学城的视觉中心（见图8.17）。这个广场是后现代派的重要作品，其设计思想反映了作为后现代派建筑师矶崎新的基本思想。

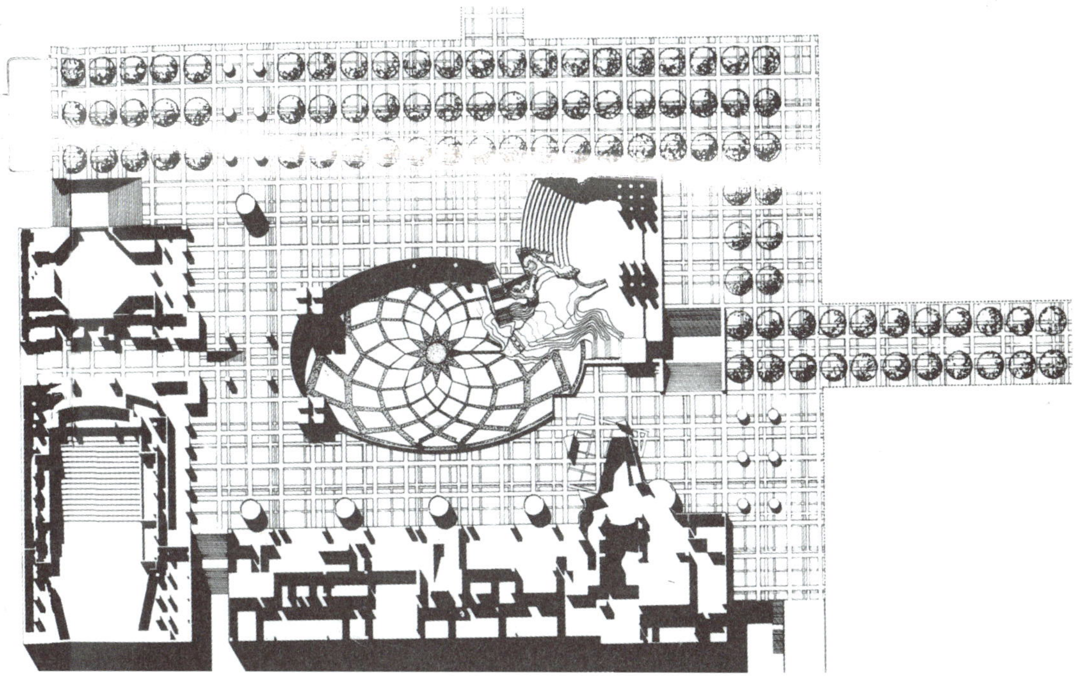

图8.17 筑波广场平面图

● 广场与周围环境

广场属于筑波中心的一部分，它的周围是一组服务设施形成的综合楼，包括一间酒店、一个音乐厅、一个信息中心、一个购物中心及一个社区中心，该广场位于筑波科技城南北向的步行专用道路与中心主要建筑群的交点，共分两层，顶层与步行专用道路连接，底层与主要建筑的各个出口相通。周围的建筑具有多变及注重细部的特色，使用现代派的技艺及高技派的影响将古典的元素自由组合起来。这也是此项目之所以被看成是后现代派的前卫作品的原因。由于广场与建筑都是由矶崎新设计事务所完成的，因此形成了统一的风格特征，周围建筑成为广场一个很好的背景（见图8.18）。

图8.18 筑波广场

图8.19 筑波广场水景局部

● **广场的主题**

广场尽管采用了欧洲建筑设计的手法进行设计，而且其设计手法大量来自古罗马卡比多广场，但其表达的主题却有着日本文化的特色，中心广场为下沉的椭圆形，核心处采用日本传统建筑中“奥”的概念，以虚带实，在视觉上以“无”创造了一个思想上的中心。椭圆形广场的一侧是一下沉式的露天剧场，西北角是层层叠泉，泉水流淌而下，最后在椭圆的中心点消失，泉水的来无踪去无影充满了“奥”的境界（见图8.19）。

● **广场的功能**

这个广场还注重了市民的参与性，通过其设计可以看出由于设置了露天剧场它可以成为一个能举行正式或非正式集会的场所，使之扮演了希腊市民广场的角色。而水景的设计满足了人们的亲水性，台阶可以形成广场的坐椅，另外筑波中心的购物中心内有大量的商店，并且占据着公共空间的一部分，使得广场成为人流疏散的一个中心（见图8.20）。

图8.20 筑波广场台阶式瀑布和露天剧场的背景

● **广场的铺装**

广场的面积不大，以下沉式椭圆广场为中心，广场

图8.21 筑波广场俯视

以硬制铺地为主，但在其两个开敞的边上用盆栽树木的方式进行了广场绿化设计，限制了广场的边界，而广场最有特点的是其地面铺装（见图8.21），广场中心的椭圆形下沉部分采用古典放射式的方式铺地，形成了具有中心感的聚合形空间，周围铺地采用了三种颜色的网格状铺地错落叠加在一起，设计很新颖突出，极大地丰富了广场的内容和层次，并赋予广场很强的特征性。

达拉斯喷泉广场

达拉斯喷泉广场位于美国达拉斯市中心（见图8.22），占地约6hm²，环绕着艾利德银行塔楼，该广场属道路围合型从属建筑广场，为市民提供休闲环境和生态花园景观。以出色的城市环境设计造就了城市中最具有魅力的公共空间。

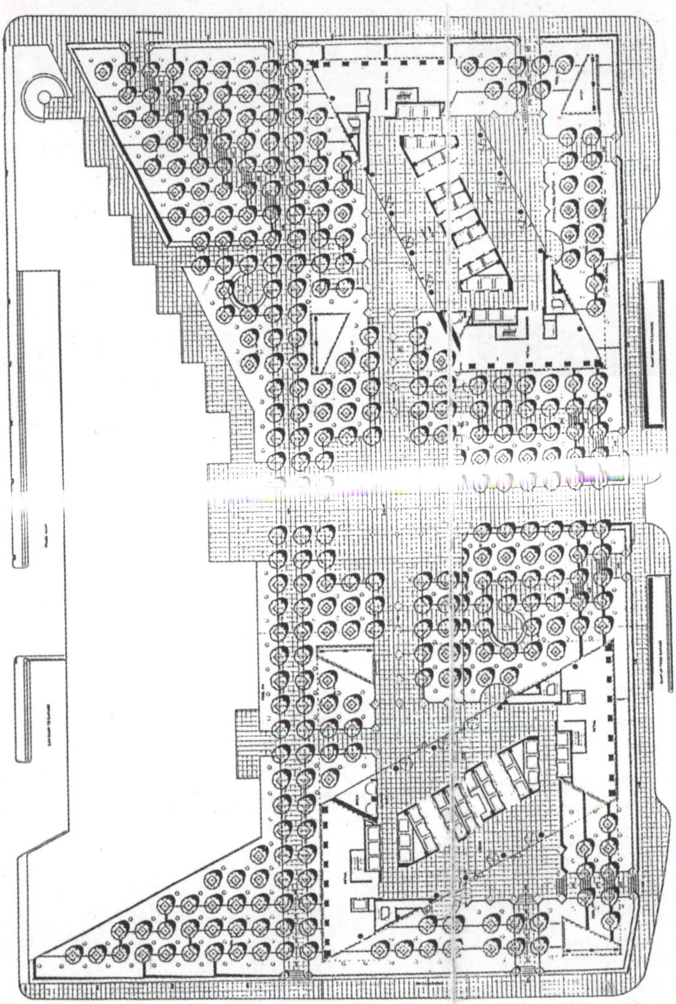

图8.22 达拉斯喷泉广场平面图

这个广场是一个水景广场，广场总面积约70%被水面覆盖，广阔的水面上数以百计的树木和喷泉成为广场突出的特征。这种方式改变了很多热带地区的广场采取硬制铺地的方式，从而使广场的环境更舒适，给人带来自然清凉的气息。440株落羽杉像列队的士兵整齐地排列在路旁或水中，落羽杉之间有序地排列着263个泡状喷泉，水也随地形呈阶梯式布置，水池间形成了层层叠叠的瀑布（见图8.23）。落羽杉是落叶的针叶树，夏天，水景园透过薄薄一层精致的针叶闪烁生辉；冬天，则可见到树枝纤细的身影（见图8.24）。树以错开的方式排列。步行道由豆绿色板铺成，部分与水面平齐，步入其间，如同浮在水面（见图8.25）。夜晚来临，喷泉和树木被精心组织的灯光映照，景象壮观。人们在喷泉广场，仿佛置身于极富创意的自然山水间，浓厚的人工色彩被自然的元素所消化，城市的嘈杂、拥挤被音乐和流水所代替。作为一个极好的休息、散步环境，它结合了对自然的感知与想象，是城市中杰出的休闲空间。

图8.23 达拉斯喷泉广场落羽杉、花岗岩树池

图8.24 达拉斯喷泉广场冬季局部鸟瞰图

图8.25 达拉斯喷泉广场局部景观

一个核心喷泉起着空间转化的作用，并且给人以惊喜，成为一个焦点元素。广场中心的喷泉居于最主导地位，它拥有160个喷嘴，这些喷嘴被单独控制着，使得喷泉不断地变化，给人一种随机变化的印象。但这只是错觉，因为控制这些喷泉的计算机不断地从一套风力感应器接受信息，采用程序调整水到适当的高度以避免水飘出。这个广场为人们提供了广阔的空间感。然而，正如丹·基利所说，喷泉地在设计中应用了严格的古典标准，就像由勒·诺特尔设计的景观在城市中的翻版，在他设计的景观中，花园和建筑形成了一个整体。

北海市北部湾广场

● 广场的主题

北部湾广场（见图8.26）位于广西北海市建成区中心，四周是最繁华的商业街区，是城市文化、交通、经济的交会点。广场为公共活动广场，并通过“南珠魂”主题雕塑突出广场的主题，强化广场的特色。广场的面积较大，该广场充分利用其自然的扇面特征和原有的“南珠魂”主题雕塑，结合广场内的建设现状及“整体性”的构思理念，形成了“一个中心，三个翼”的整体空间格局：即由“南珠魂”中心区、集会广场区、中轴线区、文化广场区、大草坪区等五大功能区组成，建立了完善的、整体的广场功能体系。

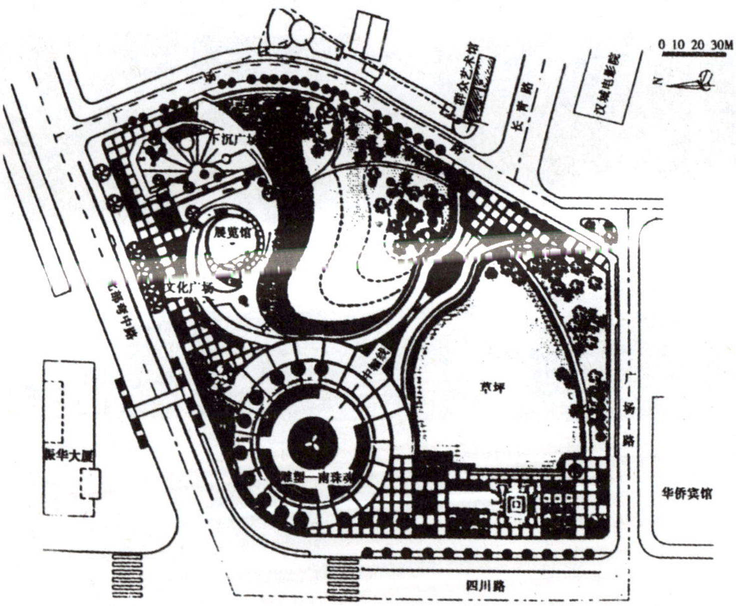

图8.26 北部湾广场平面图

● 广场的分区分析

“南珠魂”中心区是广场的核心功能区（见图8.27），是游人观赏城市风光的驻足

图8.27 北部湾广场“南珠魂”中心区

图8.28 北部湾广场鸟瞰图

图8.29 北部湾广场展览馆

点和广场的中心景观。设计中把“南珠魂”周围的花坛向外拓宽，以三个大型花坛来衬托，其周围留有大块圆形空旷硬地，同时在外围保留着14棵代表14个沿海开放城市的友谊树。

从图8.28广场的全景鸟瞰可以看出林荫广场、下沉式文化广场和展览馆是文化广场区的三大内容，产生了特有的历史文化和场所特征。下沉式广场是利用原有地形形成的开敞式的公共文化娱乐和休息空间，广场形状呈半扇面形，面积约2000m^2，可容纳上千人在此举行集体活动。在原地形中有两级下沉台地，第一级台地有一堵38m长、落差2m多的挡土墙，适当加高利用为长形的水幕墙，在水幕墙中间设置了一个以海洋文化为主题的巨型浮雕“海之韵”。利用基地第二个台地设计了一个露天表演舞台，并尊重原有地形设置了观众看台。广场中骑楼式商业店铺、音乐茶座、大片的斜坡花卉和垂直绿化创造了优雅宜人、闹中取静的室外环境。尺度宜人、景观丰富、环境独特的下沉式广场成为北部湾广场人流观赏活动的一个热点。

基地北面的原水厂蓄水池，由于该建筑造型独特，与广场环境不冲突，具有保留价值。设计将此改造为城市公共展览馆（见图8.29），既保留了历史建筑，丰富了广场文化，又可作为公共展览馆来展示北海的文化和历史。

中轴线区、大草坪区、集会广场区与其他功能区一样，是北部湾广场中重要的有机组成部分。在这些功能区中，都注入了丰富的活动内容和文化特征。广场中轴线由三组序列大型花坛组成，成为游人浏览城市风光、休闲和观赏花卉的区域；中轴线两侧的草坪区，作为人们可自由活动和观赏的场所，给人一种贴近大自然的心理感受。漫步在广场的各个角落，都可以体会到内容丰富、各具特色的人文活动。

此外，广场夜景的设置加强了夜间的人文活动色彩，在各景区按需要配置了各种彩灯照明。华灯初放，广场一派壮观景象，人们在此漫步、约会，或观看演出、欣赏音乐，或浏览广场夜间美景，美丽的城市客厅更具动人魅力。

北部湾广场的改造，既保持了往昔的痕迹，同时也反映了城市居民的精神面貌和文化上的不懈追求，给整个城市带来了生机和活力。

街边广场设计

（设计：张岩）

这是街边广场设计的课程作业，其用地西侧和南侧濒临城市主要街道，北侧为住宅小区，东侧为一单位用地，广场为80m×60m的矩形空间，用地平整。

图8.30为一个学生作业的平面图，从功能上可以看出其定位为公共活动广场，并将这个广场主要分为两部分，一部分是位于西侧的用于公共活动的场地，另一部分是位于东侧的儿童活动场地，下面我们具体分析一下方案的优劣。

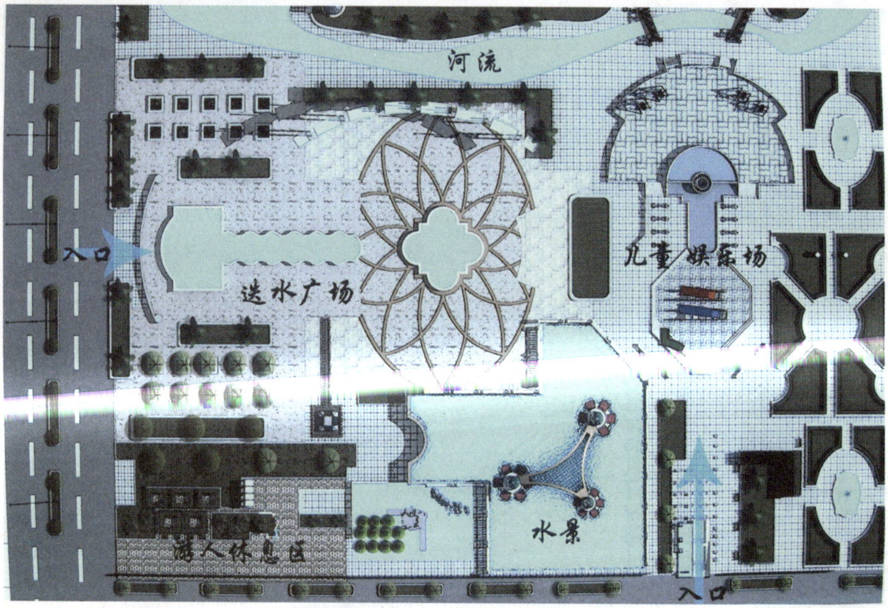

图8.30 广场平面图

● 广场基地分析

广场和城市道路与周围环境的关系处理上，广场主要在西侧和南侧主要城市道路上设计了两个出入口，这使得广场可以很方便地到达，但如果可以在北侧也设置出入口以满足附近居民的需要就更好了，在广场出入口设置上，考虑了缓冲空间的设计，但还不够，应该再适当加大出入口空间设计，并考虑停车的需要。

● 广场风格及构图分析

广场设计风格定位于古典构图和造型手法(见图8.31)，并在不同方面和细节设计上注重了风格的统一，因此给人以十分完整的感觉。整个广场设计还是比较开敞大气的，但是这种风格在东部的儿童活动广场上与之功能有些相悖，尤其是把整个儿童活动场地限定在中轴对称的构图中，在轴线节点的位置布置滑梯等手法，使形式和功能有些脱离(见图8.32)。另外在局部构图手法上，例如最东侧的几块绿地，有些过于追求古典的构图元素，使得局部设计构图有些凌乱。东西两部分两个轴线的对位关系处理较为成熟，在衔接的节点上再细致处理一下就更好了。

图8.31 广场鸟瞰图

图8.32 儿童游戏广场

● 广场绿化分析

广场的绿化和硬制铺装的比例总体把握还不错，但是，草地面积较多，而可以形成绿荫的乔灌木布置不够，尤其是儿童活动区域，几乎没有布置乔灌木，这样在炎热的夏季广场的利用率就会极低，而西部的广场空间绿化处理就要好很多，一方面中间提供了可以满足大量人活动的公共空间，另外两侧还设置了尺度较小的空间，结合高大的树木形成的空间场所，可以满足人们休憩散步的需要。

● 广场水景与铺地设计

广场的水景占有重要的比重，景观水景起到了很好的主景作用，但其南侧大面积的水景在满足景观观赏需要的同时，应该结合一些亲水性设计。另外广场的铺地设计也是较为丰富的，不仅限定了不同的空间，而且丰富了广场的设计。

第9章　城市街道景观设计及其实例分析

1 城市街道景观设计

城市街道是城市的框架，是连接城市各功能区的纽带。城市街道除了满足交通运输的基本功能外，在城市生活中扮演越来越多的角色，如为人们提供各种公共活动，例如交往、购物、餐饮、休闲、娱乐等，另外，还要承担继承传统文化，满足人们审美需求等非物质性的重担。因此，城市街道反映一个城市的政治、经济、文化的发展水平，是城市形象和环境景观的核心。

1.1 城市街道景观设计原则

■ “以人为本”的原则

在城市街道景观中体现以人为本，主要体现人们的主人翁地位，因为人群是街道的主体，他们的生活方式和行为活动决定着城市的未来。景观适应人的各种生理和心理需求，根据人们的习惯、行为、性格、爱好进行空间选择，提供最佳的服务。如午间休息、等公共汽车坐椅、电话亭、小卖点、夜间照明等(见图9.1、图9.2)。

图9.1 街边坐椅

图9.2 街边小卖点

■ 尊重、继承和保护历史的作用

城市中那些具有历史意义的场所给人留下的深刻印象，为城市个性建设奠定了基

图9.3 历史上的孙文西路

图9.4 今天的孙文西路

础。城市街道景观空间设计要尊重历史、继承和保护历史遗产，认真研究城市的发展史，对城市的历史演变、自然地理风貌、文化传统、居民心理、市民行为特征及价值取向等作出分析，并融入当代城市生活的新功能，形成新的城市街道景观文化和城市风貌。图9.3、图9.4是中山市孙文西路文化旅游步行街改造前后的对比，可以看出改造的主要原则是对原有的传统街道建筑和空间的修缮，保护，改造，目的是强化孙文西路在文化历史上的象征表现，提高城市品味。

■ 整体性原则

城市街道格局的设计要从城市的整体出发，城市街道景观的设计要体现和展示城市的形象和个性。城市街道景观空间设计要以城市设计的理念来做指导，从城市总体出发，从规划一开始，就对道路、节点小品、水景、灯光、人、周边环境绿化(植物)等城市景观空间构成要素进行统筹安排，与城市自然景色、历史文物有机联系在一起，充分展示城市的整体形象与个性，体现人性化。

■ 可持续性原则

可持续的城市发展是可持续发展的重要组成部分，在城市街道环境设计中也要遵循这一点，崇尚自然、追求自然、力求人与自然的高度融合。

1.2 街道景观设计的各组成部分

■ 街道绿地景观

绿地是道路空间的景观元素之一。一般街道、建筑物均为建筑材料构成的硬质景观，而道路绿地中植物是一种软材料。城市街景的绿色空间应围绕着体现不同的都市街景环境，中心绿地及街心花园，道路绿化带形成点、线、面交织的绿化系统，并对植被与树型的选择和分布作出详细的设计。

城市街道绿化的形式是多种多样的。街道绿化形式的选择要根据街道环境特色来决定。例如，两侧建筑景观比较有特色，要表现建筑就应选择比较低矮的植物（见图9.5）。对于商业步行街，为了展现商业氛围，也不宜采用过大的植物，而对于用于分割道路如分车绿带的设计，或需要提供树荫的人行道，则可以选择树冠大、枝叶密的行道树，这样不仅可以在夏季形成大片树荫，降低温度，而且可以起到划分空间，营造空间的作用（见图9.6）。

图9.5 表现街道建筑的绿化

图9.6 树冠大的行道树

● 街道绿地规划设计原则

（1）街道绿化应以乔木为主，与灌木、地被植物相结合，如图9.7所示，不得裸露土地。

（2）绿化应符合行车视线和行车净空要求。

（3）绿化树木与市政公用设施的相互位置应统筹安排。

（4）植物种植应适地适树，并符合植物间伴生的生态习性。

（5）修建道路时，宜保留有价值的原有树木，对古树名木应予以保护。

● 植物的配置

在规划设计原则指导下，绿化处理手法应适当考虑植物的配置艺术，主要应注意以下3点。

（1）统一与变化。当街道周围均为几何形建筑时，植物配置形式宜以整形为主，在整形中寻求变化，就行道树的配置来说，变化最好是分段，同一段内，体型大小、高矮、色彩上均不宜变化过多，变化过多会给人杂乱的感觉，要注意在和谐一致的基础上逐渐变化。

图9.7 街道绿化

（2）色彩与层次。由于街道绿地面积有限，因此要注意树木的高矮层次及色彩的变化，一般在配置时，高大稠密的居中，矮小整形的在侧，色彩变化强烈的尽量放在边缘部分，层层环绕，层次分明，色彩丰富，易于取得预期效果。在土地条件允许的条件下，通过隔离带配置中、小乔木和花灌木，真正达到大、中、小乔木和花灌木的结合，使街道景观呈现层次化（见图9.8）。

图9.8 植物色彩与层次

（3）常绿与落叶。街道绿化不仅要注意夏季的庇荫，也要考虑冬季的街景，即常绿与落叶树之间要有适当的组合与搭配。一般可采取在落叶乔木旁配置一些矮小耐荫的常绿灌木，或常绿树与落叶树间栽，或分行栽植，以达到夏季能庇荫，冬季街头仍有一定绿色的效果。

图9.9 旧金山花街

图9.10 街道铺地

街道绿化进行精心设计和特色设计，往往会给街道的景色带来重大的改变，甚至可以形成非常独特吸引人的街道景观，最典型的例子就是旧金山的罗姆巴德大街，它在经过俄罗斯山时（见图9.9），有一段40°的陡坡，形成了由8个急转弯组成的蛇形曲线路段。这个路段位于南北走向的海德大街与莱温沃斯大街之间，呈东西走向。配合着弯曲的路形，沿着路的两侧，布置了树篱和花坛，远远望去，整个道路被鲜花和绿丛所充满，行车路被全部隐藏起来，故而这段街道被人们习惯称为“花街”。整个路段从下往上望去犹如一个意大利式的台地园，绿篱所形成的曲线随着道路有韵律地上升。沿道路两侧垂直等高线方向布置了阶梯式人行道，人行道两旁种植着低矮的经过修剪的小树冠行道树。花街的这种独特景观使其成为旧金山一条有吸引力的标志性街道。到旧金山的游客都要慕名前往，领略这条绿色街道的脉脉温情。

■ 街道路面铺装

街道的路面作为街道的一个重要的承载面，在景观中也发挥着重要的作用。一方面它可以限定街道的空间，暗示街道的功能；另一方面具有装饰的功能；街道路面材料主要分为沥青类、混凝土类及合成高分子材料、混凝土砌块、木材、石材、沙土类天然材料，砖材、陶瓷类人工烧制材料。沥青类、混凝土类适合于车流量和人流量均较大的交通性街道，而生活性道路(步行街、风景园林道路、游览步道等)则多采用色彩鲜明、造型自由、性能多样，易营造欢快、华丽气氛的人工烧制砖材、陶瓷材料或观感自然亲切、质感舒适宜人的木材、石材、沙土类天然材料。这些材料在材质质感、组织肌理和物理化学属性上各不相同，进而形成丰富多彩的街道路面形象和景观（见图9.10)。

■ 节点环境小品景观的人性化设计

小品是城市街道景观空间构成中必不可缺的部分，人性化设计理念更应显示出小品时尚魅力的风格，让人赏心悦目。小品包括雕塑和其他设施的艺术化处理。雕塑的设置，如果为车内观察者考虑，要强调其色彩、体量和轮廓线（见图9.11）；为自行车和步行者考虑，雕塑可选择尺度适宜，设计精美，具有丰富内涵和趣味性的作品，供人们欣赏、品评、合影，甚至孩子可以在其上玩耍，使之参与到人们的生活中来（见图9.12）。另外情景雕塑可以体现城镇文化底蕴与亘古历史积淀。它既具有实用价值，又具有精神功能。

图9.11 10m长的百叶帘缓缓转动，提升驾驶体验

图9.12 街头雕塑

其他设施，如电话亭、指示牌等设计需要序列化、标准化的设计，体现街道环境的整体性。

■ 广告牌、环境雕塑小品和设施设计

广告是信息时代的产物，街道广告在现代城市景观中起了重要作用。街道广告的作用在于宣传，它需要强调刺激，为此尺寸较大，常常影响城市的形象，因此对于广告要严格审批（见图9.13）。但如果街道广告和雕塑小品结合，既增添了不少乐趣，又节省了空间。街道雕塑小品、功能设施应当摆脱陈旧的观念，强调形式美观，功能

图9.13 广告设计

图9.14 新颖的街边售货摊

多样，设计思想要体现自然、有趣、活泼、轻松。例如大胆地将电话亭、坐椅和标示牌艺术化（见图9.14）。

1.3 城市道路的分类

城市道路的分类根据不同的分类方式结果不同，通常是根据街道在城市中的地位、功能和作用，将城市道路分为快速路、主干道、次干道和支路；根据街道的交通特征可将城市街道分为交通性道路和生活性道路，或人行道或车行道等。本章主要是从城市街道景观特征这一角度来划分城市街道的类型，因此城市街道可分为交通性街道、生活性街道、商业步行和其他步行用道。它们要求都有自己的景观特性。这是由于景观的设计对象是为人服务的，而不同的道路人的行为方式有很大的不同，要根据人的行为特点进行设计，例如在以步行为主的商业步行街或其他步行街，人是街道景观的主要角色，必须将行道树和沿街建筑物细部处理好以满足行人对街道景观的要求。而在机动车为主体的交通性街道设计时，则首先考虑驾驶员和车上乘客对街道景观的要求。但另一方面他们又有许多共性，即方便性、可识别性、可观赏性、安全性和适合性。我们可从以下几个方面进行综合分析。

图9.15 城市交通性道路

■ 城市交通性街道

城市交通性街道是指为城市各个功能区之间的人流、物流的流动提供基本物质条件的街道，主要分布在城市的各功能区和行政区之间，是城市结构的框架。与城市的主要对外出入口（如高速公路）主要对外交通枢纽（火车站、飞机场、轮船码头等）城市大型公共建筑相连，是城市的轴线，负担着城市的主要交通运输任务。由于其上交通流量大，通常路幅较宽（双向4～6车道），是一种较典型的城市开放空间，从一个侧面代表了城市的形象，展示城市的个性，其街道景观也是比较重要的（见图9.15）。

(1) 道路指示标志和设施醒目。

(2) 道路断面设计合理。

(3) 考虑快速行车人的视觉感受

图9.16 城市生活性道路

图9.17 夏威夷火奴鲁鲁休闲街道景观

■ 城市生活性街道

城市生活性街道的特点是在该路段内，目的性及相关性的出行和到达的交通量占主体的街道。生活性为主的道路车种复杂、车行速度慢，人流较多。生活性街道可分为以居住为主的街道、以商业为主的街道和以行政办公为主的街道，景观设计强调其多样性与复杂性。景观设计应注意以下几点：

（1）城市生活性道路是以城市生活为主，因此它的场所感较强。街道空间形式的设计首先要满足活动内容的需要，并根据街道功能特点，可以考虑街道空间的变化，如沿街附属空间的导入，形成“收、放”变化的规律，或弯曲，或转折，并可采用对景、借景等来丰富空间景观（见图9.16）。

（2）此类街道应对建筑的文化性与历史延续性充分考虑，建筑临街的底层部分要精心设计。设施小品的设计应充分为使用者提供方便，同时应符合其使用功能，造型上应与环境协调，考虑文化内涵。广告设计不宜过大，不能影响原有建筑的体量与立面风格，艺术品设置要强调色彩、体量及易亲近性等。图9.17为夏威夷火奴鲁鲁休闲街道景观设计，可以看到街道边缘设计了大量丰富的景观，形成了优美的视觉环境，从而营造出休闲的街道氛围。

■ 商业步行街

商业步行街是以步行交通为主的商业街，它的出现给城市带来许多生机。现代步行街可以满足人们购物、餐饮、休闲、观光、娱乐、健身等多种需要，集吃、住、游、购、娱多功能于一身，人们到步行街来，不再仅仅是购物，更多的是被优美宜人的环境和丰富多彩的活动所吸引，人们在轻松的环境气氛中充分享受人与人之间交往的乐趣，彰显出步行商业街的巨大经济效益、环境效益和社会效益。商业步行街的设计应遵循以下4项原则。

图9.18 步行街道路与建筑关系

● 良好的交通体系

商业步行街在设计中应考虑步行街所在的地段，全城的交通情况，停车的难易（我国特别要考虑自行车的停放问题），路面的宽窄，以及投资渠道和居民意向等因素。在步行道旁增加城市支路，引导非浏览、非购物人流通过，作为它的辅助道路进货，也作为步行街的疏散道路和消防通道。

● 完整的空间环境意象

根据凯文·林奇对城市意象的归纳，将街道意象归纳为道路空间，街道形成的区域、街道的中心及标志四个方面。从城市设计角度看，街道的意象是建筑和街区空间环境的综合反映，有特色的街道空间环境自然可反映街道特色，高质量有特色的街道空间环境比建筑更宜体现街道特色，街道的意象特色依赖于空间环境特色。

（1）道路。规划中对道路与两边建筑物的高宽比以$H/D=1$为主，穿插一部分$H/D=2$的建筑。这样的空间尺度关系既不失亲切感，又不显得过于狭窄，从视觉分析上是欣赏建筑立面的最佳视角，容易形成独特的热闹气氛的空间（见图9.18）。

（2）区域。作为城市中心区，由于城市商业活动本身的“集聚效应”，公共建筑布局相对较为集中，由于人们生理与心理因素的影响，步行街长度取600~800m为宜（即城市主干道的间距）。超过这个长度易使人感到疲劳。

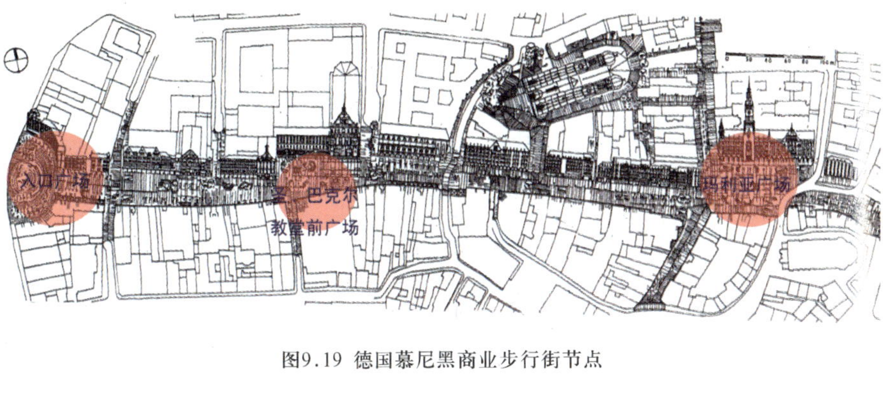

图9.19 德国慕尼黑商业步行街节点

图9.20 玛利亚广场

图9.21 德国慕尼黑商业步行街入口

（3）中心。中心即一定区域中有特点的空间形式，结合步行街的特点，规划一至两个广场，可作为步行街的中心、高潮，为其带来特色与活动。图9.19为德国慕尼黑商业步行街平面，可以看出在线形空间中，共贯穿了几个广场形成的节点空间，形成中心，其中广场的建筑，如图9.20所示，由于其悠久的历史和文化积淀，赋予商业街特色并体现出历史的文脉。

（4）标志。对于步行商业街，入口标志的重要性在规划中应充分考虑（见图9.21）。

● 丰富的空间形式

城市是人类文化的长期积淀，并以一定的物质空间形式表达其文化特征。如美国的明尼阿波利斯市的尼克雷特步行街（见图9.22）以匠心独具的空间特色使美国第一个步行街建设获得了成功。设计者在步行街中，以集中人行活动区为指导思想，把街道做成弯弯曲曲的蛇形道，加上统一设计的街道家具，创造了强烈动感和节奏感的街

图9.22 美国明尼阿波利斯市步行街

道空间，成了美国步行街中竞相仿效的佳作。

● 独特的景观构成

步行街具有独特的构成因素，这些因素也是满足现代城市生活的需要，构成城市环境风貌和组成部分。步行街由两旁建筑立面和地面组合而成，归纳一般步行街内的设施，大约可分类为以下8项元素。

（1）地面。以精致的铺面材料，作图案化的处理(见图9.23)。

（2）景观饰物。例如喷泉、雕塑、钟塔等。

（3）展示橱窗。供商品展示或广告宣传之用。

（4）招牌广告。对街道两旁商店的招牌，包括影响都市景观的设施应有系统性的设计处理。

（5）街道设施。街道设施包括休息的坐凳、垃圾筒、电话亭、书报亭和布告栏。在适当的空间中还应考虑设置小型儿童游戏场、棋奕桌椅和明显的特殊标志等(见图9.24)。

图9.23 步行街道的铺地

图9.24 街道标志

（6）街道照明。步行街为人群日夜活动的地区，故照明极为重要，灯具宜特别设计，借以表达此地区之特色。

（7）绿化。为了能够反映商业步行街的繁华特点，不宜采用高大的树木，而且种植密度要适中，不影响两旁的建筑在人们的视野范围内展现其商业氛围。在供行人休息、停留的小广场或道路局部放大处种植一些遮荫树，这对夏季较为炎热的城市能够起到较好的降温作用。

（8）特殊活动空间。供街头表演、娱乐、商业推广等之用。总结以上分析，如图9.25所示，以上海南京路步行街为例，可以看出成功的、利用率高的城市步行街应该有大量的休憩空间及可供选择的最好设有可移动椅子的多种休憩分区；适当的阳光照耀，植有树木，避风，临水；有餐馆、小卖部和沿街叫卖小贩供应食物；有多种小组群效果，或设有某种点睛之物，如一尊雕像、一座喷泉或一种表演；还有一些与大街有紧密联系并从街上能明显看到的设施。

图9.25 上海南京路步行街

2 城市街道景观设计实例分析

北京王府井商业街整治城市设计

自中华人民共和国成立以来，王府井商业街一直是首都第一商业街，驰名海内外，但由于缺乏城市设计的指导，导致传统商业街面临消失的危险。1998年，相关部门开始强化营造步行商业街的理念，开始对其进行整治改造，经过几次的整治改造使之重新焕发了生机（见图9.26）。

图9.26 王府井街景

● 设计构思分析

王府井商业街的规划设计过程中坚持了统一、人本、文化、简洁四大原则，体现了综合性和系统性，设计方案将国外步行商业街的理念与北京的实际相结合，通过对保留下来的传统商店的整治，使王府井原有的肌理得以延续，弥补了大规模开发对王府井带来的不利影响。

(1) 分时步行街。将王府井商业街定义为步行街是从城市中心复兴的意义出发，为王府井地区，乃至整个北京市带来生机与活力，开辟一块宜人空间。由于王府井大街的辅路和支路系统形成，解决了周边地区的交通，形成在白天禁止车行的步行街，而夜晚公交车可以通行。

(2) 重要节点设计。如图9.27所示，810m长的商业街共设计了四个重要节点，使整个街道空间有重点、有主从、有收放，这四个节点分别是：商业街北入口，百货大楼前广场，好友世界商场小广场，商业街南入口。南北两个入口，节点通过牌匾、雕塑设置形成局部环境，强调入口的标志性。百货大楼前广场使用整体铺装，结合原张秉贵雕像形成主广场，好友世界商场广场做一些情趣化处理，形成了一个气氛轻松的小休息广场（见图9.28和图9.29）。

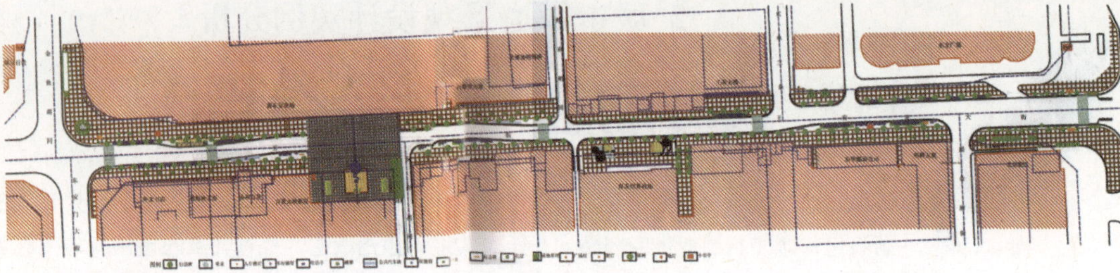

图9.27 王府井商业街平面图

图9.28 百货大楼前广场

图9.29 好友世界前广场

（3）沿街建筑整治。王府井商业街两侧的建筑建成年代不一、风格形式多样、体量对比悬殊，为商业街的布置提供了丰富的背景，也造成了不小的难度，形体环境处在多重矛盾之中，新与旧、洋与中、高与矮、美与丑交织在一起，从其发展过程来看，则表现为一种渐进的变化。这次所做的整治规划实际上是一种秩序的重组和整合，以空间的个个层面来分析（诸如建筑立面、街道设施立面、景观设施立面、行人活动）表现为一种秩序的拼贴。而规划中对店面装修的一些要求（如统一檐口高度、底层通透等）则是拼贴所遵循的秩序（见图9.30）。对于具有历史标志性的建筑立面，如北京饭店、百货大楼、东来顺饭庄、穆斯林大厦等应予以重点保护，使整条商业街在长期的发展中保持其历史

图9.30 立面统一檐口高度

延续性。

(4) 夜景照明设计。王府井商业街的夜景效果独具特色，以橱窗照明为主导，减少霓虹灯的设置，形成射灯、广告灯箱、橱窗照明、广场灯、地灯、路灯等照度关系大小搭配的夜间照明体系，做到主次兼顾，亮度分布有层次，无眩光和光污染，并具有良好的视觉诱导性，形成格调高雅变幻丰富的夜景形象。

(5) 环境艺术小品。通过竞赛招标设计王府井商业街特有的主题符号图案，作为街标，可在街道的局部（如门牌号、花饰、地面铺装和电话亭等）反复出现（见图9.31)，通过南口牌匾（见图9.32)、北口井盖（见图9.33）的浮雕设计，体现王府井的历史与文化，并起到标志性作用。通过新东安门口一组写实雕塑，进一步拉近行人与街道，老北京与金街的关系（见图9.34)。

(6) 广告及橱窗设计。规划中需要清理沿街广告，重新安置、取消大型建筑屋顶上的广告，设计广告的位置，控制尺寸，提倡灯箱广告，在保证商业气氛的情况下，

图9.31 王府井主题符号图案

追求典雅大方的效果。商业街店面橱窗玻璃窗陈设设计应充分反映商业经营的内容，要突出主题、强化个性、富于特色。

图9.32 王府井大街牌楼上标志

图9.33 井盖

图9.34 民俗雕塑

● 设计特点分析

王府井商业街整治城市设计在规划技术上，以现代城市规划理念为指导，可以概括为把握空间尺度、强化场所精神、营造独特环境。本次整治工作在空间尺度上具有弱化大体量建筑带来的不利影响，强化原有建筑及空间形态，延续历史文脉的作用。在历史文化特征的把握上，有效地挖掘历史形成的特点，以南入口处的牌匾、新东安市场附近的写实雕像及施工中发现的井等展示出王府井商业街厚实的历史文化底蕴，用具象的环境要素表达商业街特有的深层次的特征，强化了场所精神。王府井商业街以现代而典雅的环境特征去适应大尺度的空间，与首都国际化、大都市的形象与地位相称，而街道两侧的建筑及街道内的各类小品设施既高雅又不乏市井民俗，营造出王府井商业街独特的环境氛围。

● 设计中存在的问题分析

(1) 休憩空间不够，街道的节点设计不到位。百货大楼前广场和好友世界广场，这两个广场采用了相同的设计手法，就是利用特色的铺地形成旱喷泉，喷泉规模很大，平时不开放，但是为了防止大量人流造成破坏，用栏杆将其围住，这样不仅没有起到景观的作用，而且也丧失了节点的作用，导致的结果是人们步行一段距离后找不到可以落脚的地方，因此在好友世界广场的花池边上常常坐满了人。步行街没有充分利用节点设计形成特色景观，增加步行街的魅力，是设计的失误。

（2）街道绿化单调。整个步行街基本没有面状绿化和带状绿化，同时绿化没有考虑常绿和落叶植物的搭配，没有考虑冬季绿化景观，在街道两边隔很远有一棵小树，在好友世界广场前有面积很小的花坛，但在冬季，几乎看不到任何绿色，为弥补不足，只好用假花来装点不足，使街道看起来缺乏生机。

三亚南边海路景观设计

南边海路背靠鹿回头风景区，是三亚市城市环河口重要的旅游资源。从凤凰广场至小洲岛段，全长3.5km。改造中结合周边用地调整及功能开发的控制，使南边海地区成为三亚市最具魅力和活力的地区，形成以休闲、水上运动为主的度假型旅游胜地，提高南边海乃至环河口在城市中的地位和品位。

● 街道组成及空间序列

设计中强调旅游商业服务的功能和城市性生活空间，通过南边海的改造将分散的景点串成了一条珍珠项链，规划项目包括以下4项。

（1）水街：作为水上特色的市级旅游商业成为南边海路段的活跃元。

（2）游艇码头服务区：作为市级的游艇停靠点，提升南边海路的品位。

（3）坡地度假别墅群：凝聚本区域商业休闲设施的人气。

（4）渔家文化村落：改造与完善本区域，提供人文气质与内涵。

街道的空间序列由东至西为：山垭口—凤凰广场—水上巴士码头—水街入口广场

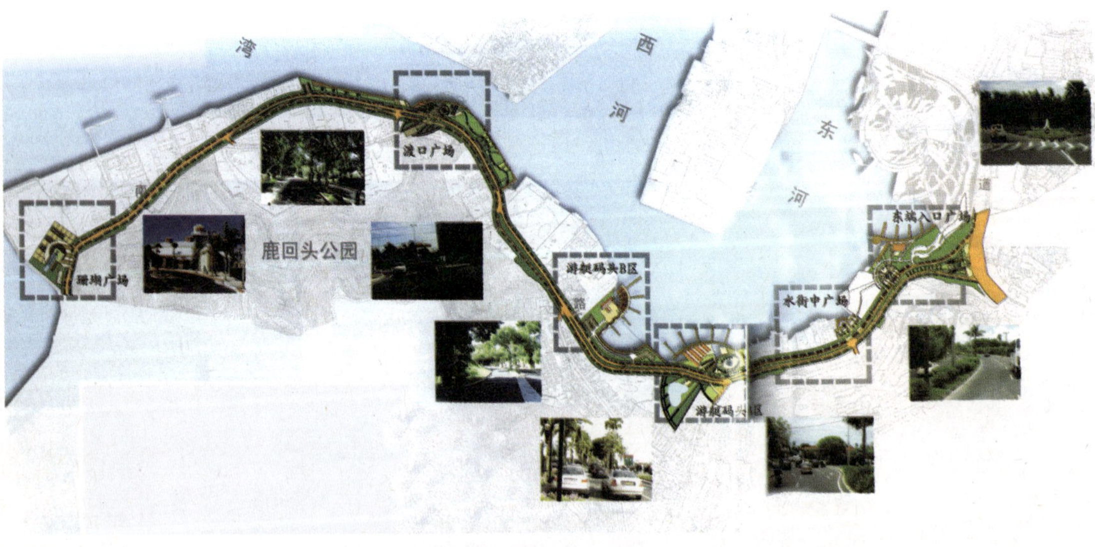

图9.35 滨水林荫风光道

—水街游船码头—海关—渡口广场—海上打捞站—珊瑚广场—小东海湾（见图9.35）。

整条道路主体表现为顺应地势走向，增加环境生态保护措施（留出空间、引入水系、空出绿带）。依山就势，设置变宽度的道路中间绿化带，道路线形舒展，变化流畅。

图9.36 道路广场节点图

● 街道景观节点设计

街道设计通过强化景观，弱化交通，细化节点，使改造后的南边海路成为典型的滨海景观路。讲求道路滨海侧的视野通透与滨海土地利用率统一考虑，采用滨海侧空间开闭交替的布局手法。整条街道按照空间节奏设置了四处开放空间，位于每段场景端头，对整条大道起到提示“重音”作用，如图9.36所示，为其中三个道路景观节点。非对称性断面结构，变宽度的道路中间绿化带，使土地配置更加合理，道路断面更加丰富。就其形态而言，似龙的形态，与周边的凤凰广场隐喻着“吉祥”的含义。

● 道路断面设计

道路的断面根据景观的不同，以及形成的功能地块进行设计，形成了丰富的变化，使得道路与周围景观相互呼应，道路本身也成为城市一条多变的景观带。如图9.37所示，是六段不同区域的道路断面，可以看出街道景观设计因地制宜进行设计的丰富性。

水街风情段

渔村（游艇码头）段

小山头段

图9-37 道路景观剖面示意图

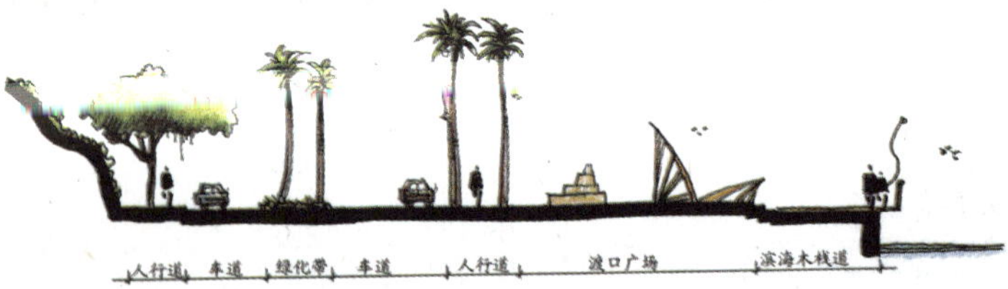

渡口广场段

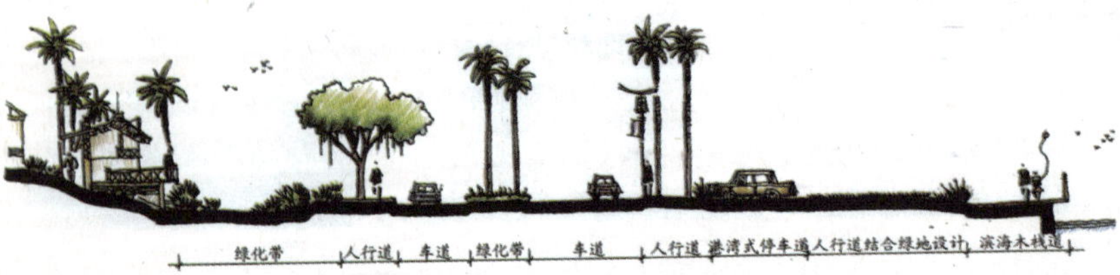

坡地别墅段

海上救捞站段

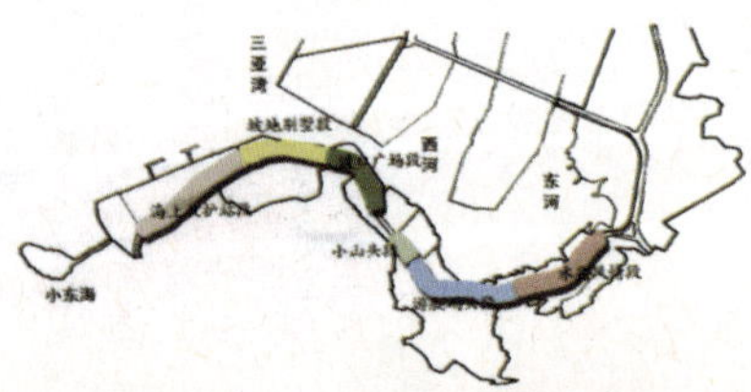

道路景观剖面示意图一

第10章　居住区景观设计及其实例分析

1 居住区景观设计

居住区环境景观质量已经直接影响到人们的心理、生理及精神生活。居住区的景观设计包括对基地自然状况的研究和利用，对空间关系的处理和发挥，与居住区整体风格的融合和协调。

1.1 住区环境的综合营造

（1）环境景观规划必须符合城市总体规划、分区规划及详细规划的要求。要从场地的基本条件、地形地貌、土质水文、气候条件、动植物生长状况和市政配套设施等方面分析设计的可行性和经济性。

（2）依据住区的规模和建筑形态，从平面和空间两个方面入手，通过合理的用地配置，适宜的景观层次安排，必备的设施配套，达到公共空间与私密空间的优化，达到住区整体意境及风格塑造的和谐（见表10.1）。

（3）通过借景、组景、分景、添景多种手法，使住区内外环境协调。例如，滨临城市河道的住区宜充分利用自然水资源，设置亲水景观；临近公园或其他类型景观资源的住区，应有意识地留设景观视线通廊，促成内外景观的交融；毗邻历史古迹保护区的住区应尊重历史景观，让珍贵的历史文脉溶于当今的景观设计元素中，使其具有鲜明的个性，并为保护区的开发建设创造更高的经济价值。

表10.1　住区环境景观结构布局

住区分类	景观空间密度	景观布局	地形及竖向处理
高层住区	高	采用立体景观和集中景观布局形式，总体布局应适当图案化，既满足居民在近处观赏的审美要求，又需要尊重居民在居室中向下俯瞰时的景观艺术效果（见图10.1）	通过多层次的地形塑造来增强绿视率

续表

住区分类	景观空间密度	景观布局	地形及竖向处理
多层住区	中	采取相对集中、多层次的景观布局形式，保证集中景观空间合理的服务半径，尽可能满足不同年龄结构、不同心理取向的居民的群体景观需求（见图10.2）	因地制宜，结合住区规模及现状条件适度进行地形处理
底层住区	低	采用较分散的景观布局，使住区景观尽可能接近每户居民，景观的散点布局可结合庭院塑造尺度宜人的半围合空间（见图10.3）	地形塑造的规模不宜过大，以不影响底层住户的景观视野又可满足其私密要求为宜
综合住区	不确定	宜根据住区总体规划选用合理的布局形式	适度地形处理

图10.1 高层住宅景观的图案化特点

图10.2 多层住宅丰富多彩的景观设计

图10.3 低层住宅分散的景观布置

1.2 居住区景观构成

景观的使用几乎渗透到了居住区环境的各个角落，在景观设计中如何对这些设计元素进行综合取舍合理配置乃是景观设计的要点。

■ 绿化

绿化是环境景观的基本构成元素，作为居住区景观的一个元素，它是居住区中唯一接近自然的生态系统，对保障一个可持续的居住区环境，维护居民的身心健康有着至关重要的作用。

图10.4 人工配置的植物群落

图10.5 讲究构图、色彩、质感的绿化设计

图10.6 清晰的园路系统

住区园林景观和植物花草应有层次，丰富多彩。从小的楼顶、宅边绿化、路边绿化，到组团绿化、小花园、中心花园，都应做到空间层次分明。

● 绿地率

新区建设的绿地率应不小于30%；旧区改造宜不小于25%；种植成活率不小于98%。绿化应尽可能构成多层次的复合生态结构，达到人工配置的植物群落自然和谐（见图10.4）。种植绿化应平面与立体结合，实用性与艺术性结合，追求构图、颜色、对比、质感，形成绿点、绿带、绿廊、绿坡、绿面和绿窗等绿色景观，同时讲究和硬质景观的结合使用（见图10.5）。

■ 道路

道路是居住区的构成框架，一方面它起到了疏导居住区交通、组织居住区空间的功能；另一方面，好的道路设计本身也构成居住区的一道亮丽风景线。按使用功能划分，居住区道路一般分为车行道和人行道；交通道路应合理分流，减少对居住的影响。交通中以人为本，即人行优先，不能让车干扰居住环境，有条件可人车分流。居住区的交通道路要以方便居民出入、迁居，满足消防、救护需要，减少对住的干扰，保证住的安宁为原则进行布置，从而达到通达性、安全性、方便性、一体性、多层次性的要求。住区道路系统要分级明显，架构清楚，通而不畅、顺而不穿（见图10.6）。

■ 铺地

广场铺地在居住区中是人们通过和逗留的场所，是人流集中的地方。在规划设计中，通过它的地坪高差、材质、颜色、肌理和图案的变化创造出富有魅力的路面和场地景观。目前在居住区中铺地材料有几种，如广场砖、石材、混凝土砌块、装饰混凝土、卵石和木材（见图10.7）等。优秀的硬地铺装往往别具匠心，极富装饰美感。如在儿童游戏区采用鲜艳的塑胶材料模仿拼图方法进行铺装（见图10.8），形成了活泼生动的铺地形式，这种铺地方式既限定了活动的区域，具有安全的功能作用，同时又符合儿童的心理，极具装饰作用。

图10.7 丰富多彩的园路铺装

图10.8 儿童游戏区铺装

■ 水景

水景景观以水为主。水景设计应结合场地气候、地形及水源条件。南方干热地区应尽可能为居住区居民提供亲水环境，北方地区在设计不结冰期的水景时，还必须考虑结冰期的枯水景观（见图10.9）。水景包括自然水景、庭园水景、泳池水景、装饰水景几种类型。水景设计应注意融合居住区内部和外部的景观元素，创造出新的亲水居住形态。

图10.9 考虑结冰期的枯水景观

■ 小品

小品既有功能要求，又具有点缀、装饰和美化作用，作为美化环境、烘托气氛、隔断空间、装饰陪衬主体建筑，供人们休憩和观赏之用。如亭、池、廊、桥、漏空墙、路壁、花坛、喷泉及各种建筑雕塑等小品，适当地加以运用可以充实文化艺术的氛围，反映居住区特色，点缀景观。小品在居住区硬质景观中具有举足轻重的作用，精心设计的小品往往成为人们视觉的焦点和小区的标志。

● 雕塑小品

图10.10 上海知音小区入口雕塑

图10.11 牧童吹笛雕塑

雕塑小品又可分为抽象雕塑和具象雕塑，使用的材料有石雕、钢雕、铜雕、木雕和玻璃钢雕。雕塑设计要同基地环境和居住区风格主题相协调，优秀的雕塑小品往往起到画龙点睛、活跃空间气氛的功效。同样值得一提的是现在广为使用的“情景雕塑”，表现的是人们日常生活中动人的一瞬，耐人寻味。如上海知音小区的入口采用了一个类似竖琴造型的大型雕塑（见图10.10），除在一个个琴弦上装饰有韵律感的金属球外，上海知音四个字也悬挂在上面，如同一个个跳跃的音符，这个雕塑不仅起着装饰作用，而且具有点题的作用，在意境上给人们一种认同感和归属感。而小区内部的一个牧童吹笛的雕塑（见图10.11）再次呼应音乐主题，使人感到构思的巧妙和细致。

● 园艺小品

园艺小品是构成绿化景观不可或缺的组成部分。当今的居住区园艺绿化中，园艺小品则更趋向多样化，一堵景墙、一座小亭、一座小桥、一处花架、一堆块石、一个花盆或一张充满现代韵味的坐椅（见图10.12和图10.13），都可成为现代园艺中绝妙的配景，其中有的是供观赏的装饰品，有的则是供休闲使用的“小区家具”。

图10.12 小桥

图10.13 花架

● 设施小品

在居住区中有许多方便人们使用的公共设施，如路灯、指示牌、信报箱、垃圾桶、公告栏、单元牌、电话亭、自行车棚等。例如居住区灯具就包括路灯、广场灯、

图10.14 草地灯

草坪灯、门灯、泛射灯、建筑轮廓灯、广告霓虹灯等，仅路灯又有主干道灯和庭院灯之分。这些灯具的造型日趋美观精致，还可和悬挂花篮以及旗帜结合成为居住区精美的点缀品（见图10.14）。

上述小品如经过精心设计也能成为居住区环境中的闪光点，体现出“于细微处见精神”的设计。

1.3 居住区景观设计新趋势

近年来，房地产经营理念发生变化，概念地产(主题地产)开始出现，如景观主题地产、环保主题地产、文化主题地产、休闲主题地产、智能主题地产等，房地产营销从单纯的卖楼盘转向更多地关注环境和文化，倡导社区新的生活方式。纵观楼市的风云变幻，我们发现景观是永恒的主题。与传统相比，现代居住区环境景观出现了一些新的趋势。

(1) 强调环境景观的共享性。

(2) 强调环境景观的文化性(见图10.15和图10.16)。

(3) 强调环境景观的艺术性。

图10.15 广州清华坊

图10.16 山水文园

(4) 强调居住区景观空间的人性化。根据人在居住区户外活动的需求，应创造出丰富多彩的户外空间以满足不同人群的各种需要。分析各种需要，可将居住区户外活动空间主要分为以下几种。

1）居住区中心景观与广场(见图10.17)。

2）居住区小型聚会或活动场所与小型广场。

3）儿童活动场地。

4）体育活动场地(见图10.18)。

5） 户外读书学习，私密交谈等活动场所(见图10.19)。

(5) 强调居住区景观设计细节的统一性。

图10.17 居住区中心景观

图10.18 活动场地

图10.19 安静休息区

2 居住区景观设计实例分析

包头稀土高新住宅小区

包头稀土高新住宅小区项目位于包头市稀土高新技术产业开发区，属于开发区核心位置，区内拥有多条城市规划主干道，辅以纵横交错的区间路，形成四通八达的快捷交通网络，地理位置较为优越。

如图10.20所示，用地地块为不规则五边形，但地块南北方向基本端正，地块内地势平坦，基础条件较好，地块北侧与西北侧紧邻开发区内主要道路，南侧与西南侧为稀土路与新光东路，交通便利，总用地面积为8.9hm²。

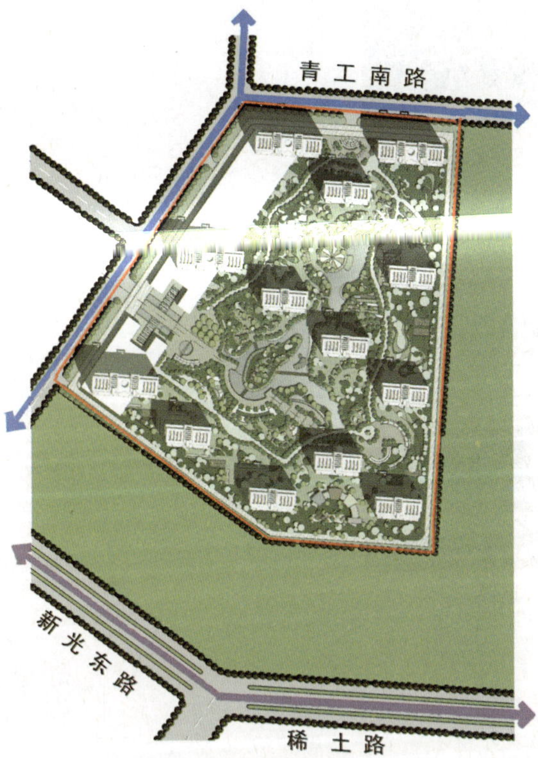

图10.20 用地分析

● 设计理念分析

图10.21为小区总平面图，图10.22为小区鸟瞰图，从图纸可以看出小区景观的设计理念主要体现在以下几个方面。

图10.21 总平面图

图10.22 鸟瞰图

图10.23 交通分析图

（1）以自然生态设计理念为原则。未来人居方面的建设主题为“绿色”、“人文”，因此高新稀土住宅小区项目设计中秉承和贯彻了人居建设主题，凸显“生态景观”的价值。在北方由于气候原因不可能有大的水面，因此方案采用小规模的水体，让涓涓细流贯穿整个小区的多个院落，并组织各个层次的绿化体系，形成各种大小的绿化空间，使居民“户户近绿”。

（2）坚持人本原则，营造重视人际交往的生活空间和邻里环境。图10.23为小区道路分析图，从图中可以看到，小区通过合理的道路系统规划，重视人车动线的处理，实现合理的人车分流，将主要交通控制在小区外围，创造尽量大的集中园林景观空间，创造舒适的人文空间，保证最佳的小区景观和环境质量。同时，结合绿地系统合理进行室外步行和活动场地系统的组织，把握好居民活动和交往的规律，精心安排各个年龄段居住者的活动场地，为多样性的人际交流创造条件。

(3) 追求特色创新，在包头创造江南水乡。小区内部由一条收放有致的带状水体贯穿小区南北，考虑是在北方地区，因此水系不采用大块集中水系，而采用带状水系与相对中心水体相结合，浅水与深水相结合。绿地采用曲形带状的形式围绕水体布置，在强调带状绿化空间与步行系统结合的同时，注重院落空间的绿化节点设计，创造丰富的、具有视觉变化效果的、步移景异式的户外休闲空间，营造出具有江南水乡的空间趣味（见图10.24)。

图10.24 带状水系

(4) 创造立体景观层次，营造小区景观空间。在设计中从全方位着眼考虑设计空间与自然空间的融合，不仅仅要关注平面的构图及功能分区，还要注重全方位的立体层次分布，运用堆土成坡、铺地落差、植物配置等手段进行高差的创造和空间转换。平面构成线条流畅，空间分布错落有致，变化丰富，再加上满园的植物随季节变换造成的景观变迁，使整个景观设计真正成为一个四维空间作品，无论春夏秋冬、平视鸟瞰,都能获得令人愉悦的立体视觉效果。在小区内部，充分利用场地现有的绿地、成树、道路，进行提炼，创造出一条空间景观轴和步行交通轴，营造出人工微地形景观（见图10.25)。

图10.25 景观分析图

(5) 追求精益求精的设计理念，于细节表现品质。以景区道路为例（见图10.26)，根据不同区位，设计多种道路系统，显示设计细致性的同时表现景观设计多样性。

景区人行小路（一）

入户路

景区人行小路（二）

人行路

组团绿地人行小路

组团绿地人行小路

景区人行小路

车行路旁人行路

图10.26 细致入微的园路设计

万科第五园

万科第五园位于深圳坂雪岗区域，占地面积11.20万m²，建筑面积14.23万m²。万科第五园的建筑及景观特点，用其宣传的理念——骨子里的中国文化，即可表现其设计精髓。

● 设计主旨

万科第五园力图在中国民居文化建设上有所突破，依寻“岭南四园”的思路，建造了崭新的住宅小区，其意是想在“岭南四园”的基础上探索一种新型的、南方的中国式的现代生活模式，园林层叠，出入有致，空间交错，明亮通透，湖光山色，饶有新意。特别是中国民居中内敛和富于涵养的气质深受文化人士和知识分子的喜爱。

万科第五园从中国人的生活习惯开始着手设计，从中国传统居住的内容着手，设计出具有中国传统文化内涵的作品。万科第五园的设计结合地方气候特色，在空间处理和建筑开合上，传承了传统民居院落中的精粹，讲究邻里关系，把开放空间与现代建筑的私密空间有效沟通（见图10.27）。

图10.27 传统空间特色

● 规划特点

该项目在规划上，通过街坊——街巷——大院小院——内院的空间过渡，在强调私密性和领域感的同时也为邻里之间提供了充分的交流场所。

（1）村。在万科第五园的规划处理上，建筑师突出表达了“村”的形态（见图10.28）。整个社区的规划是边界清晰的由不同形式的住宅组成的一个大村落。联排别墅组成了两个方向略有不同的主要村落，相邻的由情景花园洋房、多层住宅及小高层区又分别形成了不同的小村落，通过一条半环形的主路连接起来。各“村”内部都由深幽的街巷或步行小路及大小不同的院落组合而成，宜人的尺度构成了富有人情味的居住空间。

图10.28 村

图10.29 巷

图10.30 院

（2）巷。万科第五园在设计上吸取了富有广东地区特色的竹筒屋和冷巷的传统做法，通过小院、廊架、挑檐、高墙、花窗、孔洞及缝隙，试图给阳光一把梳子，给微风一个通道，使房屋在梳理阳光的同时呼吸微风，让居住者时刻能享受到一片阴凉，提高了住宅的舒适度，有效地降低了能耗（见图10.29）。

（3）院。建筑师通过Townhouse产品组合形成的“六合院”和“四合院”，情景洋房的“立体小院”（院落+露台），多层及小高层公寓部分的围合所形成的大院，种种院落形式的采用，着力体现中国传统建筑中的“内向型”空间，依稀可以感觉到江南住宅“四水归堂”的性格（见图10.30）。

外部空间环境的营造上，也是突出中国传统的风格特点，首先是植物的选择上，大量采用竹子来造景，“竹子未出土时便有节，及凌云处尚虚心”这是源远流长的中国文化浸透了的竹子精神，也是万科第五园设计精华所在。以竹子为主题，创造竹林景观，在竹子群落的空间围合形态上，注重人在不同空间场所中的心理体验与感受变化。尤其是园林空间、庭院布局、建筑周围环境的处理上都能充分体现出竹子的魅力，多了一点自然野趣和幽静，少了一点人工造作(见图10.31)。

图10.31 竹景

● 设计布局

在布局上万科第五园以“起、承、转、合”的传统布局手法为蓝本，创作了现代中式园林景园。其景园之起，为中式街区、万科书院；景园之承为老房子、荷花池、下沉桥景；景园之转，为儿童游乐园、沙坛、攀岩、中式绿篱小迷宫；景园之合，乃豁然开朗的泳池，另兼假山穿插其间。同时在景观的创造上，利用了传统园林的借景、对景、障景、框景（见图10.32）等造景手法，使空间变幻丰富，饶有趣味，并深具传统内涵。

图10.32 框景

图10.33 水景

● 水景设计

最后在景观的设计中体现了以水景为中心（见图10.33)，小桥架于水上，既有小桥流水人家的特点，又有皖南民居中心水庭的特色，例如中心广场，下沉式的阶梯分开了两边的水体、建筑。月光下竹影婆娑，池边疏影斜横，水波粼粼浮着点点荷花，阵阵香气袭人，这是在万科第五园常见的小景，给人以清新、宁静、淡雅的感觉，漫步其中，心灵都得到了净化。

深圳蔚蓝海岸居住区

深圳蔚蓝海岸居住区，位于南山区东部，海滨路以北，后海路以东，后海滨路以西，创业路南侧，紧临深圳湾，主要由填海而成。该项目总占地面积298722.7m²，规划总建筑面积514700m²，总户数近5000户，是深圳特区以内规模较大的高尚滨海社区。

蔚蓝海岸景观设计的主题通过小区的名称就可见一斑，即以水为主题，表现热带风情的景观，蔚蓝海岸原指法国地中海沿岸几个著名城市所组成的休闲风光地带，包括戛纳、摩纳哥等，极具自然风光和人文景色，是举世闻名的地中海风情休闲带。深圳蔚蓝海岸以法国地中海蔚蓝海岸的海景原貌为蓝本，建筑色彩配选了海滨现代建筑的明快色，针对本地居民特有的亲海情结，通过“千米观景海岸线”、“区内800m中心水体”、“3000m²仿真沙滩泳池”、“湖畔会所”等充满个性的景观或设施营造出轻松脱俗的休闲品位。

图10.34 中心水景

● 水景设计

图10.35 伸入水中坐椅

小区的主题是水景（见图10.34），因此小区内的主要景观都是围绕水景展开，无论是中央集中的水景设计，还是周边小型水景的呼应，在设计上，设计师都注重水的亲水性设计，使人能充分感受到水的魅力，例如在水中设置汀步，水边设置坐椅，甚至将坐椅深入水中，设置各种低矮的小桥，人行步道环绕水边设置等（见图10.35），还有设计一些与水相关的景观小品，增加水的观赏性和趣味性，使水真正成为景观的主题。

● 空间处理

图10.36 私密空间

在空间处理上，内外空间充分考虑到社区内不同年龄层次的居民生活起居和户外活动的需要，根据居民的行为习惯，设计了多种多样的空间环境，动静结合、围合与开敞相得益彰，满足了不同人群对于空间的不同需要。例如在几处景观节点上，都考虑了周围居民开展公众活动和聚会的需要，设计了一些小型的广场，除此之外还设计了儿童活动中心、游泳馆和私密性的交谈空间（见图10.36）等多种场所空间，空间性质明确，功能属性突出，为各种活动提供了方便的特性。环境规划和设计则更多地融入参与性和趣味性元素，除满足户外交往、休闲的功能性需求，整个环境还带给人更加愉悦的体验，仿佛回到大自然无穷的乐趣中。

● 绿化设计

图10.37 多层次复合生态结构绿化

在绿化设计上，由于深圳属于热带气候，绿化品种较多，因此小区的种植多彩多样，选择了各种不同质感、属性的植物，尽可能地丰富和绿化环境，极大限度地满足人们亲近自然的愿望。同时多样的植物形成了多层次的复合生态结构，达到人工配置的植物群落自然和谐。另一方面种植设计将实用性与艺术性结合，追求构图、颜色、对比、质感，形成绿点、绿带、绿廊、绿坡、绿面、绿窗等绿色景观，使得绿化成为小区内最重要的景观要素之一（见图10.37）。

● 小品设计

小区的小品设计非常有特色，成为景观中的亮点，其雕塑小品一方面体现了文化的品位，另一方面很多雕塑小品渲染了环境的气氛，使社区营造出温情的生活画面，增加了人情味，例如小孩玩耍的雕塑，下棋的棋桌和坐椅（见图10.38）等；而园艺小品体现了风格的统一性和完整性，所有的园艺小品采用欧洲古典建筑的风格，如休息亭、花架，种植盆和树坛（见图10.39）等，这也和蔚蓝海岸的主题相契合，这些小品位于适当的地方，同时具有功能上的重要作用。

图10.38 雕塑

图10.39 园艺小品

● 园路铺装

小区内的园路的铺装设计也十分丰富，既划分了空间，同时本身也成为重要的装饰要素。

居住区景观设计

（设计：李世征）

如图10.40所示，这是一个课堂作业，作业题目是利用包头稀土高新住宅小区的原有地形，将它拓展为整块地形面积，在布置好建筑的位置和确定小区入口的基础上，做整个小区的景观规划设计。这是一个学生的作业，以下简要分析一下其设计的优缺点。

图10.40 设计图纸（一）

● 道路系统设计

从道路系统设计可以看出设计考虑了人车分流，将车行路放置在小区的外围，小区内部主要为人行服务；其次道路系统进行了分级设计。一级道路流线设计较为合理：一是满足功能使用，通过这条一级道路，可以到达小区内任何一栋住宅附近，并且把几个主要出入口串联起来；二是线形设计自然流畅，满足小区内道路通而不畅，顺而

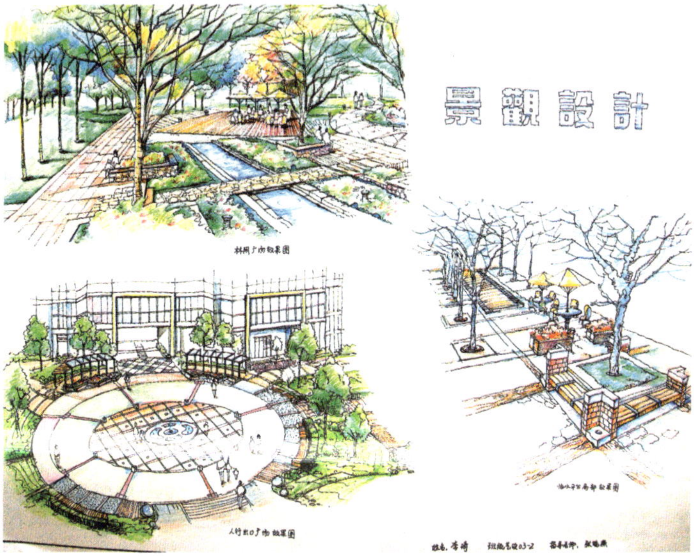

图10.41 设计图纸（二）

不穿的要求。然而，二级道路设计却有很多问题，首先是线形设计有些呆板，与一级道路系统的设计手法不同，这样在两条道路相连的地方就有些生硬；其次是疏密配合不够合理，有些地方过密，而有些地方不够，最后设计更多从景观角度考虑，而从功能角度考虑不够，导致有些地方使用不方便。

● 景观设计

该项目首先设计将景观进行了分级处理，包括中心景观区、组团景观、道路景观、宅间绿地景观和宅旁绿地景观，因此结构较为合理；其次景观分布也较为合理，基本考虑了景观的共享性，保证了“户户均绿”，在此基础上，设计还给每一处景观命名，突出了不同景观的特色。但在设计上还有需要改进的地方，首先是中心景观不够突出，另外两处位于中心的景观应采用一定的方式将两者联系起来，这样就可很好地解决这个问题；其次是水景设计面积过小和分散，中心水景可适当再加大面积，而其他部分水景应与中心水景有所联系，这样才符合水流的特点，有一处临水平台的设计位置选择不好（见图10.41）。

由于这个小区规模较大，因此，难度也较大，作业基本上达到了设计的要求，但需提高的是在设计构思上，应该有一个主题，这样就可以使设计更有特色，并且可以提升一个档次。

第11章　校园景观设计及其实例分析

1 校园景观设计综述

校园景观设计包括小学、中学和大学的校园景观，这三种景观因其都是属于学校景观范畴内，因此有相同的特点。三者都强调其为教学服务的宗旨，营造具有文化气息的校园环境，符合师生学习工作的需要等特点。但由于它们所服务的人群有很大差异，同时校园的功能性、综合性、复杂性有很大差异，因此三者还有很大差别。例如小学校的学生天真活泼，学校气氛比较活跃，景观应该与其相适应，种植一些小花小草和低矮的树木，种类丰富多彩，这样可以引发孩子对植物的兴趣和对大自然的关注。大学校园与小学校园的气氛则完全不同，大学生的自习能力强，往往喜欢在安静的自然环境中阅读，大片的草坪、高大的树荫都是他们喜爱的空间。只有充分了解使用者的喜好、个性和心理特征，才能真正把握各种景观的设计风格。由于高等学校相对而言，功能性较为复杂，综合性较强，因此本章的重点以介绍高等院校的景观为主。

高等学校犹如一个小社会，包含有各种功能，学校里的学生大多数时间都在校园里渡过，因此，高等学校的景观设计要求标准较高，学校中的每栋建筑，一草一木对于大学生健康品格的塑造也有着潜移默化的作用。

校园独特的氛围最为直接的体现就在于点缀校园的自然景观：路旁成荫的树木、碧绿如茵的草地、房前屋后的山石、北京大学的湖光塔影、清华大学的荷塘月色、中山大学的树影婆娑、武汉大学的山水相宜、厦门大学的滨海风光(见图11.1～图11.4)这些或是自然生成或是人工巧琢而成的校园景观，是自然和谐的美景，净化了空气，美化了校园，同时也陶冶了性情。良好的校园景观能给人一种精神感召，陶冶人的情

图11.1 北京大学未名湖

图11.2 清华大学荷塘月色

图11.3 中山大学

图11.4 厦门大学

操，制造一种整体的环境氛围，构成一种整体的育人气氛，为广大师生的学习生活提供良好的外部环境。校园环境的规划原则主要体现在以下几个方面。

■ 生态性原则

注重保护和利用现有的校园自然景观资源，以校园中固有的山坡、河流、湖泊、凹地、绿地、树林等自然景观作为校园景观环境格局的构架，是建成优美校园的重要而有效的方法，创造一个人工环境与自然环境和谐共存、相互补充的理想校园生态环境是最根本的原则。

■ 延续性原则

● 与校园总体规划相吻合

校园景观环境规划应在校园总体规划指导下进行设计，是校园总体规划的延伸和拓展，必须强化校园总规的原则和特色。但这里需要强调的是校园的总体规划设计中，应该充分注重校园景观的规划，即在总体规划阶段，景观规划师也应参与到设计过程中，而不是仅仅完成“填空”的工作。例如四川大学双流新校区规划（见图11.5）就是以江安河湖和校园环线为构建主线，在规划阶段，以景观为特色来进行整体规划，主要是结合河湖的环境即江安河及湖区沿岸形成的湖光山色，进行校园规划，使得校区规划具有清晰的景观空间，整体的生态景观格局。

图11.5 四川大学双流新校区景观总平面图

● 与校园建筑有机结合

校园景观规划应与校园建筑融成一体，追求建筑“长”在自然环境中的意境。从广义上讲，建筑是景观的一部分，而对于校园景观而言，校园建筑更是充当了重要的作用，因此，好的校园景观中，景观和建筑几乎融为一体，不可分割和独立。不同的建筑形式和建筑空间营造的环境要用相同的景观设计手法加强，例如在古典建筑围合而成的院落内，景观的布局一般也采用对称或突出轴线的手法强调出主体建筑（见图11.6），而现代建筑体量丰富的建筑周围，景观也采用与其手法相类似的几何形穿插的或是下沉的方法将景观和建筑紧密结合起来，甚至打破室内外的界限，一方面将室外的环境引入室内，另一方面将室内的铺地延伸到室外等手法，使景观和建筑紧密地结合起来（见图11.7）。

图11.6 西安交通大学

图11.7 中国美院校园景观

● 坡地、水面融入校园环境

原有山林坡地、水面应尽量让其自然融入校园环境中，使绿色渗入校园环境，自然景观延伸到人工景观中。

● 与校园的历史文脉相吻合

校园景观规划应与校园的历史文脉相吻合并拓展。例如清华大学校园是在传统园林的基础之上发展起来的，清华大学内的清华园和近春园，以“水木清华”和“荷塘月色”而闻名，成为吸引万千学子、具有无穷魅力之校园景观。因此校园规划在保护传统景观同时，注重这种历史文脉的延续和拓展，使不同时期的校园规划可以协调（见图11.8）。

图11.8 水木清华

■ 人本化原则

校园的特点是学生相对单纯，年龄、文化背景大致相同；使用规律比较简单——教室、食堂、宿舍三点一线为主；组成的元素较为完整——像个小城市，五脏俱全。

校园的建筑、景观环境都必须以使用者为中心，以他们的行为作为模数和参照，形成完善、安全、舒适的，供师生学习、交流、聚散、步行休闲、文化娱乐、夜间照明及生活的系统。

● 空间分割合理

校园根据功能不同进行分区，主要可以分为校前区、教学区、行政区、文体区、学生生活区、教职工生活区、科研生产区和后勤区等。不同的分区由于学生的行为方式较为固定，因而具有较为明显的特征（见图11.9～图11.11）。

图11.9 北京林业大学校园教学区

图11.10 学生生活区

图11.11 清华大学礼堂前大操场

● 尺度舒适、安全、方便管理

校园环境由于是师生长期使用的场所，因此对人性化空间的需要更为突出，在校园空间所需要的是营造安宁、亲切和宜人的氛围。因此在空间的尺度上一定要适宜，不管是广场还是道路都要根据其所需要从事的人的行为来确定尺度。

● 可识别性强

由于使用者定期更换(每年都有新生入学)，来访者众多，建立识别特征(易于辨认、找路)、结构特征(方向、主次等)、景观特征(主楼、雕塑、主广场等)、标识系统(指示路牌、建筑物标牌、公厕等公共设施标牌)也是必须的。

■ 人文性原则

校园景观环境应能体现各种人文精神，能最大限度地强化激励学生、教师职工的内在精神特质，潜移默化，感染人的情绪，提高人的道德品质、艺术修养，完善人格，保持学校蓬勃向上、清新净美的气质。一般可运用以下方法将校园精神渗透到物化的环境之中。

● 环境风格的建立

校园环境是承载大学文化精神，展现其美的意境的客体，审美是学生和校园环境沟通的语言。通过审美，学生得以解读校园环境中蕴涵的精神，校园环境又通过美的可感性、可愉悦性陶冶着学生的情操、加深着生命的体验，传递着大学文化精神的韵律。

● 历史环境的保护与纪念环境的创造

每个学校都有自己的历史，将这些历史反映到校园环境中，利用反映校史的建筑、雕塑、碑刻、纪念林地等能帮助学生更好地领悟校园精神。通过环境再创造，协调新旧景观，形成有机的校园整体。可设置一些纪念性环境，如杰出人物、教育家的雕像(见图11.12)、纪念园、纪念林、壁画、纪念亭、展示廊、小品等来突出文化内涵和传统精神，激励学生（见图11.13)。

图11.12 南开大学周恩来雕像

图11.13 北洋大学堂雕塑

● 现代精神的融入

在设计中加入能反映现代学校教学宗旨、鼓励学生向科学高峰勇敢攀登的现代精神，体现学校前进的朝气是必不可少的，可用一些抽象的、现代感较强、质朴或现代

图11.14 四大发明广场上雕塑

的材料制作雕塑或标志物（见图11.14）。

■ 注重景观小品的设计

在校园景观中，各种景观小品包括校园标志、校园大门、校园雕塑和校园环境小品等对于环境气氛的营造，突出校园的人文气息和辅助功能等具有十分重要的作用，因此要特别重视校园景观小品的设计。

● 校园标志

图11.15 北京大学博雅塔

校园标志（也称标记或标识），目的是为了便于识别。标志一是要求形象突出、识别性强；二是要求位置显要，能为众人所睹。标志如与某种含义相结合以形成联想，则更显其突出作用。北京大学未名湖畔的古塔形水塔与未名湖构成“湖光塔影”，既起到标志性作用，又创造了很高的审美价值，成为公认的学校象征（见图11.15）。

● 校园大门

校园大门在校园建筑小品中占有十分重要的地位。因为它不仅起着交通枢纽和治安保卫的“门户”作用，还起着校园第一印象的“门面”作用。 一个好的大门设计，对于突出校园的风格面貌、文化特色及对整个城市空间形象都有着重要意义，往往也成为校园的一个重要标志。

图11.16～图11.18分别为3所大学的校门，其设计各有特色，但主要的原则都是体

图11.16 北京大学西门

图11.17 天津大学校门

图11.18 西安交通大学校门

现朴实、典雅、大方，反映校园文化的品格，贵在得体。

● 校园雕塑

校园中的雕塑往往是最富有生气的景点，重要的雕塑可以成为校园的标志。

校园雕塑主题选定是由多种因素决定的，故选择主题需视设置的目的、环境的特点、校园的历史及人们的审美习惯等因素综合考虑。

各种成功的作品，除了其有意义的主题思想外，往往与环境协调、对比、呼应，构成环境不可分割的整体，一件作品如果不与环境相结合，本身的艺术性再高，也毫无意义。图11.19为深圳大学主楼前广场浑天仪雕塑，由于雕塑的存在限定了广场的中心，使广场有种聚合感，而浑天仪的造型既现代又古典，象征着科学的精神，放置在这里，使广场就有了文化的含义，反映出校园的文化；图11.20为北京林业大学主路边

图11.19 深圳大学浑天仪

图11.20 北京林业大学植物古化石

图11.21 沈阳建筑大学雕塑——滚滚向前

的古代植物化石，这样题材的雕塑放置在以林业学科为主的学校也具有点题的意义，赋予校园环境一种历史科学的精神；而沈阳建筑大学滚滚向前的雕塑则是充分利用校园遗址一个废弃的碾子，对其进行再创作形成的雕塑，而创作的指导思想就是体现一种奋发向前的精神（见图11.21）。

● 校园环境小品

广义讲，校园环境小品内容很多，从亭榭、水塔到雕塑、灯具乃至台阶等。 它们既对广大师生生活、学习密切相关，又对美化环境，提高校园品位有重要意义（见图11.22）。

图11.22 校园环境小品

2 校园景观设计实例分析

武汉大学校园景观

武汉大学是中华人民共和国教育部直属的重点综合性大学，位于有“九省通衢”之称的湖北省武汉市。武汉大学是20世纪20年代末，美国建筑师开尔斯在武昌东湖之滨珞珈山上规划设计的，其校园历史可追溯于清末湖广总督张之洞奏请清政府创办的自强学堂（1893年），后数易校名，1928年7月正式定名为国立武汉大学。抗日战争期间，武汉大学迁至四川乐山，抗战胜利后迁回珞珈山。是近代中国第一批国立综合性大学。

● 与环境相融合

学校校园占地面积约5508亩，坐拥珞珈山，环绕东湖水，地势蜿蜒起伏，错落有致；百余年的建设发展，奠定了武汉大学独特而丰富的历史韵味和景观特色，武汉大学校园充分利用了得天独厚的自然条件，人工造景与天然景观有机结合，这也是一座采用中国传统造园手法与建筑风格、与山地茂林等自然景观结合、湖光山色相映生辉的美丽校园。校园倚山环湖，满园苍翠，桃红樱白，鸟语花香；古典式建筑群古朴典雅，巍峨壮观（见图11.23）。这优美的自然环境，与民族风格建筑群体和诗情画意板的园林艺术融为一体，构成了古朴、典雅、宁静、舒适的校园，是造就千万优秀学子的理想园地。

图11.23 武汉大学近代早期建筑群鸟瞰图

图11.24为武汉大学校园平面图，校园规划完全是结合自然环境规划设计的，大的功能分区有教学区、行政区、学生生活区、教职工生活区、科研生产区和后勤区等，但由于地形复杂，并且是在老校区的基础上加建扩建的，因此，其功能分区并不十分严格。从总图上看，整体建筑采取背山面水的布置方式，建筑自由灵活地布置在校园范围之内，形成了建筑服从景观，达到了建筑“长”在自然环境中的意境，使建筑与景观融为一体。而在局部地方，例如教学区，由于其集中布局的特点，同时要体现严谨的特点，还是采用了一些轴线对称布局的手法，但是从整体讲，还是布局较为自由的。

图11.24 武汉大学校园平面图

● 体现学校传统文化

校园基本完好地保留了近代早期的建筑群及历史文化遗迹和遗址，这成为校园厚重的文化积淀的体现，表现出校园的历史文脉的延续，相拓展的特点，这些早期建筑例如行政大楼、老图书馆、体育馆、原理学院大楼等（见图11.25～图11.28），古朴典雅，巍峨壮观，古朴的建筑组群构思精巧，赋予校园环境深厚的气质。新建的建筑考虑到与原有建筑风格的协调，采用了传统的造型元素，形成了新古典主义的风格，例如新图书馆，人文科学馆（见图11.29和图11.30）等，造型不仅与老建筑相协调，而且自身也具有独特的文化气息。

图11.25 行政大楼

图11.26 老图书馆

图11.27 体育馆

图11.28 原理学院大楼

图11.29 新图书馆

图11.30 人文科学馆（逸夫楼）

● 注重生态性设计

校园注重生态性特性，以植物景观为主，丰富多彩的植物体系和珍稀植物，使武汉大学校园成为一个天然的植物园，学生生活区已经形成樱园、梅园、枫园和桂园（见图11.31～图11.34）等，各有特色和情趣，尤其以樱园最为著名。樱园以日本樱花为主，收集了早樱和垂枝樱等共六种10余个佳品的樱花，花色丰富，绚丽多彩，枝干多异且花期不同，每当寒冬过后，梅花凋谢之时，早樱开放，继而日本樱花、垂枝樱花、晚樱开放，盛开时节，樱园酷似花的海洋。

图11.31 樱园

图11.32 梅园

图11.33 枫园

图11.34 桂园

● 景观小品设计

学校注重景观小品的设计，校园大门采用古朴的风格，与整个校园环境相一致，除此以外，还建有闻一多纪念雕像、“六 · 一”惨案纪念亭、李达雕像、鲲鹏展翅（见图11.35~图11.37）等，这些人文景观对激励学生缅怀先烈，追求真理，刻苦学习大有益处，同时也体现了大学校园浓厚的人文气息。

图11.35 闻一多纪念雕像

图11.36 “六 · 一”惨案纪念亭

图11.37 李达雕像

通过分析，可以看出武汉大学内校园绿树成荫、花香流溢，建筑独具风格，美轮美奂，校园以优美的自然风景和秀丽的山水风光而蜚声中外。她犹如一颗灿烂的绿色宝石镶嵌在浩瀚的东湖之滨，成为东湖风景区的一个重要组成部分，是世界上最美丽的大学之一。

参考文献

1 王向荣，林箐. **西方现代景观设计理论与实践**. 北京：中国建筑工业出版社，2002

2 刘滨谊. **现代景观规划设计**. 南京：东南大学出版社，1999

3 [丹]扬 · 盖尔.何人可译. **交往与空间**. 北京：中国建筑工业出版社，2002

4 [美]约翰 · O. 西蒙兹. 俞孔坚，王志芳，孙鹏译. **景观设计学**. 北京：中国建筑工业出版社，2001

5 [德]维勒格 · 邓喆译. **德国景观设计**. 沈阳：辽宁科学技术出版社，2001

6 顾小玲. **景观设计艺术**. 南京：东南大学出版社，2004

7 许浩. **城市景观规划设计理论与技法**. 北京：中国建筑工业出版社，2006

8 唐学山，李雄，曹礼昆. **园林设计**. 北京：中国林业出版社，1996

9 刘蔓. **景观艺术设计**. 重庆：西南师范大学出版社，2000

10 张国强，贾建中. **风景园林设计**——中国风景园林规划设计作品集. 北京：中国建筑工业出版社，2004

11 王福义. **住宅庭院景观设计**. 北京：中国建筑工业出版社，2003

12 [西]弗朗西斯科 · 阿森西奥 · 切沃编著. 甘沛译. **城市街道与广场**. 南京：江苏科学技术出版社，百通集团，2002

13 田宝江. **景观**. 南昌：江西科学技术出版社，2005

14 单霓，郭嵘，卢军. **开放空间景观设计**. 沈阳：辽宁科学技术出版社，2000

15 赵世伟. **园林植物种植设计与应用**. 北京：北京出版社，2006

16 郦芷若.朱建宁. **西方园林**. 郑州：河南科学技术出版社，2002

17 朱观海. **中国优秀园林设计集**. 天津：天津大学出版社，2002

18 边放. **当代美国城市环境**. 天津：天津大学出版社，2002

19 何昉. **景观十年**. 北京：中国林业出版社，2002

20 吕正华，马青. **街道环境景观设计**. 沈阳：辽宁科学技术出版社，2000

21 王洪成，吕晨. **城市园林街景设计**. 天津：天津大学出版社，2003

22 北京市园林局. **北京优秀景观园林设计**. 沈阳：辽宁科学技术出版社，2004

23 [日]景观设计杂志社.刘云俊译.**日本最新景观设计**. 大连：大连理工大学出版社，辽宁科学技术出版社，2001

24 彭一刚. **中国古典园林分析**. 北京：中国建筑工业出版社，1986

25 上海市城市规划设计研究院.城市规划资料集（五）.**城市设计**. 北京：中国建筑工业出版社，2004

26 [英]安德鲁 · 威尔逊. 龚恺等译，周厚高译审.**庭院规划与设计**. 贵阳：贵州科技出版社，百通集团，2006

27 [日]画报社编辑部. 付瑶，毛兵，高子阳，刘文军译.**日本景观设计系列7——城市景观**. 沈阳：辽宁科学技术出版社，2003

28 [韩]DAMDI出版社.崔月仙译. **景观设计规划与实例**. 大连：大连理工大学出版社，2004

29 贝思出版有限公司. **亚太景观**. 武汉：华中科技大学，2006

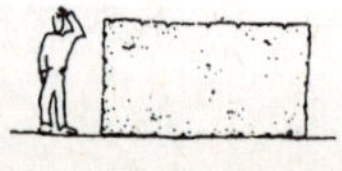